BMW

Motorradklassiker

Von der R 32 bis zur „neuen Generation“

Morley · Woollett · Riegel

BMW

Motorradklassiker

Von der R 32 bis zur „neuen Generation“

HEEL

IMPRESSUM

HEEL Verlag GmbH
Gut Pottscheidt
53639 Königswinter
Tel.: (0 22 23) 92 30-0
Fax: (0 22 23) 92 30 26
E-Mail: info@heel-verlag.de
Internet: www.heel-verlag.de

Verantwortlich für den Inhalt: Udo Riegel

Lektorat: Harald Hartmann
Druck: Ellwanger Bayreuth

Printed and bound in Germany

ISBN 3-89880-080-6

INHALT

BMW

VORWORT

Mit einer regelrechten Modell-Offensive, die in der über 70jährigen Tradition des Hauses BMW ihres gleichen sucht, ebnet sich die weiß-blaue Nobelmarke den Weg ins nächste Jahrhundert. Dabei setzen die Bayern nicht nur auf den markentypischen, vollkommen überarbeiteten Boxerantrieb, sondern reaktivieren auch alte Einzylinder-Traditionen. Neben der Vielzahl an Neuheiten erstaunt auch der Mut, sich von Dogmen zu lösen, und läßt die Marke BMW jünger als je zuvor erscheinen. Die Münchner widmen sich nicht mehr allein der klassischen Klientel. Für BMW-Verhältnisse revolutionäre Modelle bieten neuen Käuferschichten die Möglichkeit, auf Weiß-Blau umzusatteln.

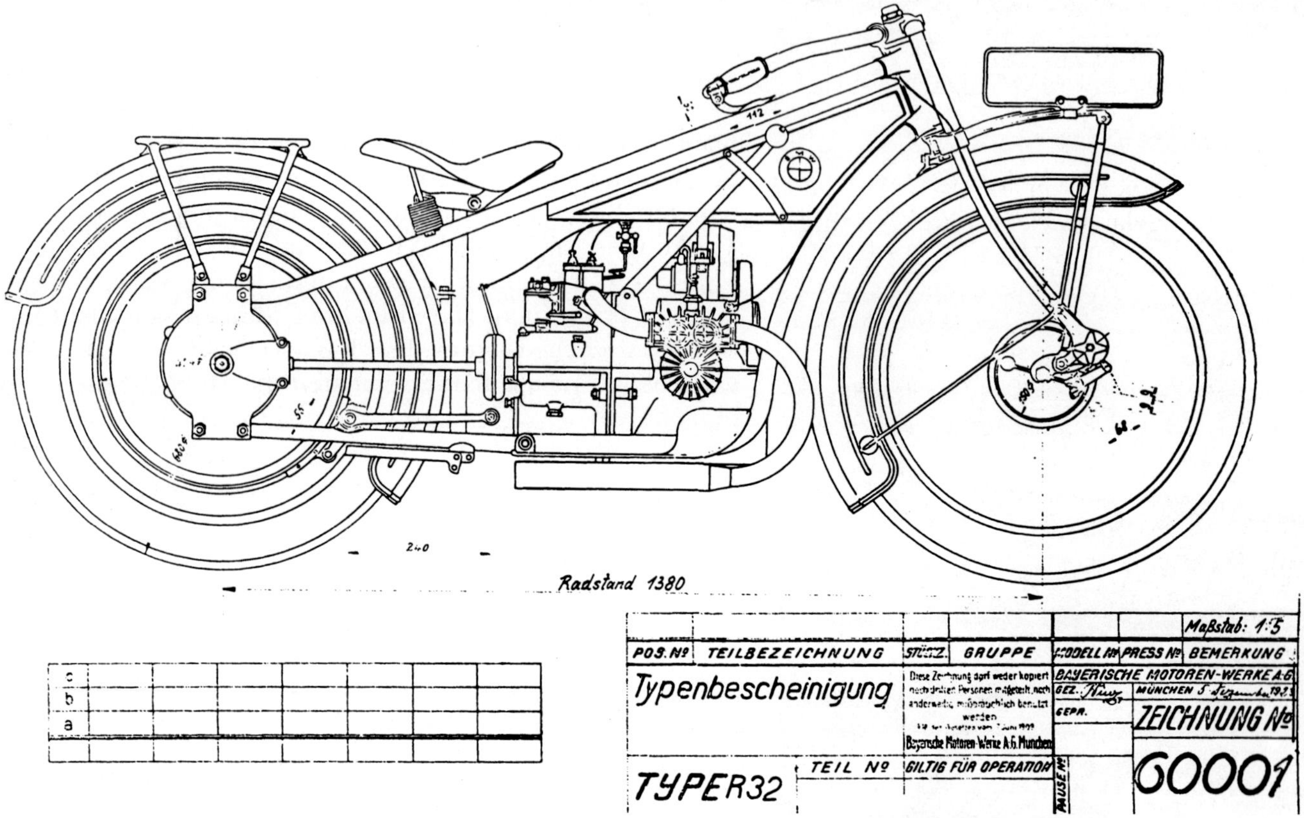

Oben:
Die R 32 von 1923 wies bereits die wesentlichen Merkmale aller BMW-Zweizylinder auf: Längs eingebauter Boxermotor, angeflanschtes Getriebe und Kardanantrieb.

Rechts:
Den ersten BMW-Boxermotor für Quer-Einbau, den M2B15 hatten Chefkonstrukteur Max Friz und Martin Stolle zusammen entworfen, er gelangte 1921 zur Serienreife und produzierte aus 486cm³ Hubraum 6,5 PS bei 2800 Touren.

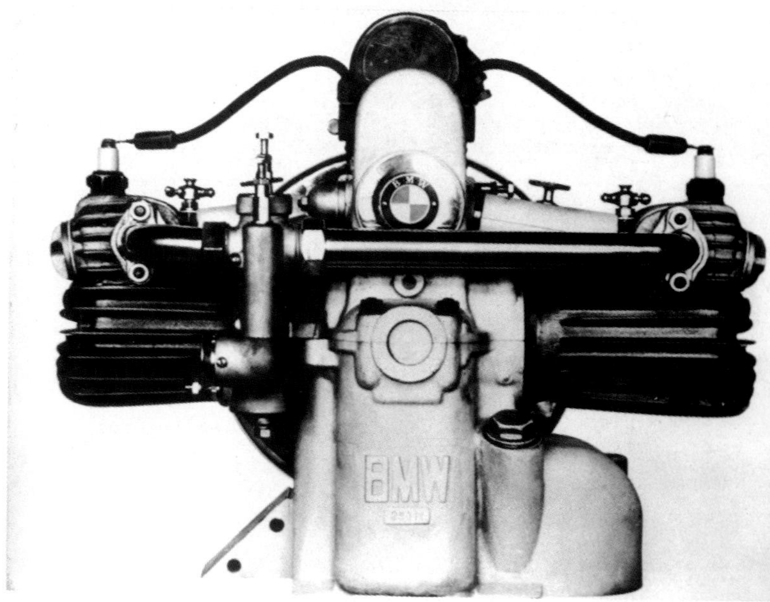

BMW auf dem Weg zum Motorrad

Von der einst prächtigen deutschen Motorradindustrie hat nur BMW als Großserienhersteller hubraumstarker Maschinen überlebt. Den Weiß-Blauen gelang es, die bitteren Jahre der Wirtschaftswunderzeit im Schatten der aufblühenden Automobilbranche trotz verlustreich arbeitender Zweiradabteilung zu retten. Als Ende der 60er Jahre die Japaner weltweit ante portas standen, warteten die Bayern '69 mit der komplett neuentwickelten /5-Boxerbaureihe bis 750 Kubik auf. Diese Baureihe entstand nicht mehr in den Fertigungsanlagen bei München, sondern in Berlin Spandau. Vor Produktionsanlauf wurden die Fertigungseinrichtungen in das ehemalige Flugmotoren- und spätere BMW-Teilewerk verlegt.
Trotz geographischer Trennung ist der Weg bis zum ersten kompletten BMW-Motorrad, der R 32 von 1923, untrennbar mit der Flugmotorentechnik verbunden. Bis heute ziert das weiß-blaue, im Oktober 1917 beim kaiserlichen Patentamt registrierte Firmen-Emblem, das einen rotierenden Flugzeugpropeller darstellt, sämtliche Fahrzeuge der Münchner.
Damals wurden die Rapp-Motorenwerke bei München in Bayerische Motorenwerke GmbH umbenannt und 1918 in eine AG umgewandelt, zu deren Aktionären der Wiener Kommerzialrat Camillo Castiglioni gehörte. Hauptproduktionszweig waren Flugmotoren, für die im ersten Weltkrieg großer Bedarf bestand. Um so härter trafen die Friedensverträge von Versailles das Unternehmen, nach deren Inhalt die Fertigung und Entwicklung von Flugmotoren strikt untersagt war. Neben Nutzfahrzeugaggregaten hielten Luftdruckbremsen für die Knorr-Bremse AG das Unternehmen über Wasser. Die Abhängigkeit reichte noch weiter: Johann Philipp Vielmetter, Mehrheitsaktionär der Knorr AG, war durch den Kauf der BMW-Aktien von Castiglioni auch zum Lenker der BMW AG geworden.
So wurde der Motorenbau durch die Knorr AG nur geduldet. Dennoch gab 1920/21 der BMW-Generaldirektor Franz Josef Popp dem Motorenfachmann Martin Stolle und Chefingenieur Max Friz grünes Licht für den Bau eines Motorradeinbaumotors, den M 2 B 15, der sich in der Victoria KR I zum Verkaufsschlager entwickelte. Dabei handelte es sich um einen quer eingebauten Boxermotor nach dem Vorbild der englischen 500er Douglas mit Kettenantrieb zum Hinterrad.
Ein ähnliches Nachkriegsschicksal traf auch die „Bayerische Flugzeugwerke AG", ebenfalls nahe München am Oberwiesenfeld gelegen. Das 1916 aus den Flugzeugwerken Gustav Otto entstandene Unternehmen

Oben:
Max Friz war der Schöpfer der R 32, des ersten, komplett von BMW stammenden Motorrades, das im Oktober 1923 auf der Pariser Automobilausstellung präsentiert wurde.

Folgende Seiten:
Mit der R 32 sorgte BMW in Paris für Aufsehen: Das glattflächige 486 cm3 große Boxertriebwerk leistete bei 3300/min. 8,5 PS und wies einen Rohrrahmen auf.

hatte sich ebenfalls der Friedensware „Motorrad“ zugewandt, wo unter Ing. Karl Rühmer die Leichtmotorräder „Flink“ und als Konkurrenz zur Victoria KR I die „Helios“ entstand, in der BMW-Einbaumotoren zum Einsatz kamen. Der erhoffte Aufschwung blieb jedoch aus. Camillo Castiglioni nutzte die Gunst der Stunde, und erwarb Ende 1921 die Aktienmehrheit des Unternehmens.
Dieser Schachzug war zum Teil eines umfangreicheren Planes, den er mit BMW-Generaldirektor Framz Josef Popp geschmiedet hatte. Im Frühjahr 1922 kauften Popp und Castiglioni die BMW-Namensrechte sowie die Konstruktionspläne von der Knorr AG zurück. Außerdem übernahm man für den Bremsenbau nicht benötigte Maschinen und einigte sich darauf, daß Fachleute aus dem Motorenbereich zu der neugegründeten „Bayerischen Motorenwerke AG“ überwechselten. So konnten Motorenproduktion und Entwicklung in den Anlagen der ehemaligen Flugzeugwerke AG problemlos fortgeführt werden.
Die BMW AG widmete sich zwar mit Lockerung der Friedensverträge sofort wieder der Weiterentwicklung von Flugmotoren, allerdings war BMW durch die Übernahme der Flugzeugwerke AG auch zum vollwertigen Motorradhersteller avanciert. Die langfristigen Pläne sahen zunächst vor, daß die Motorradproduktion als finanzielles Standbein für höhere Ziele – Einstieg in den Automobilbau sowie Intensivierung der Flugmotorenherstellung – dienen sollte. Dagegen standen jedoch die geringe Nachfrage nach Flugmotoren, und nicht zufriedenstellende erste Versuche mit einem Kleinwagenprototyp.
Die zunächst zurückhaltende Entwicklungsarbeit im Motorradsektor führte zum Weggang des Motorenspezialisten Martin Stolle. Bei der Firma Sedlbauer in München entwickelte er das M-2-B-15-Triebwerk so entscheidend weiter, daß sich Victoria in Nürnberg entschloß, fortan den „Stolle-Motor“ ins Nachfolgemodell der KR I, der KR II, einzubauen. Der Wegfall des Großabnehmers war jedoch nicht alleiniger Grund dafür, daß Generaldirektor Franz Josef Popp in Zugzwang geriet. Auch der Nachlaß der Bayerischen Flugzeugwerke, die verbesserte „Helios“, ließ sich nicht in den gewünschten Stückzahlen verkaufen. Als Max Friz den Auftrag für eine komplette Neukonstruktion erhielt, war das die Geburtsstunde des ersten echten BMW-Motorrades.
Bis heute tragen die meisten BMW-Modelle die technischen Grundzüge der ersten Eigenkonstruktion: Längs eingebaute Zweizylinder-Boxermotoren. In logischer Konsequenz nutzte Max Friz die Lage der Kurbelwelle, um die Kraft via Einscheibentrockenkupplung direkt ins angeflanschte Getriebe und per Kardanwelle ans Hinterrad zu übertragen. In ihrer Grundkonzeption unterscheiden sich davon selbst die modernen Vierventilboxer nicht.

BMW

BMW

Gegenüberliegende Seite oben:
70 Jahre Boxer beim Gruppenfoto: Von links nach rechts das R-1100-RS-Triebwerk von '93, der letzte Zweiventil-Boxer, ein Boxer aus den 50er Jahren und das Triebwerk der R 32 von '23.

Gegenüberliegende Seite unten:
Drei Boxer-Generationen auf einen Blick: Der aktuelle Vierventil-Boxer, der letzte Zweiventiler und der Motor des ersten kompletten BMW-Motorrades, der R 32 von '23.

Links:
Frisch wie am ersten Tag, die R 32 von 1923.

Unten:
Happy Birthday: Zwischen den beiden Boxer-BMWs liegen 70 Jahre: Links der Vieventiler R 1100 RS von '93, rechts der Ur-Boxer von 1923, die R 32.

Rennen und Rekorde

Nachdem die R32 vorgestellt und die Bedingungen des Versailler Vertrages etwas abgemildert worden waren, zog es Max Friz zu seiner eigentlichen Berufung, den Flugmotoren, zurück. Stolle verließ BMW in Richtung Nürnberg, wo er eine Stelle bei Victoria übernahm. Rudolph Schleicher, ein begeisterter Rennfahrer, übernahm die Entwicklungsabteilung bei BMW.

Sein erstes Projekt war die Entwicklung der sportlichen R37. Die behielt Bohrung und Hub (68 × 68 mm) der Douglas, doch die leistungshemmenden seitengesteuerten Ventile wurden durch stoßstangengesteuerte obenhängende Ventile abgelöst. Neu war auch der Alu-

Eine Auswahl früher Rennmaschinen von BMW im Museum am Hockenheimring.

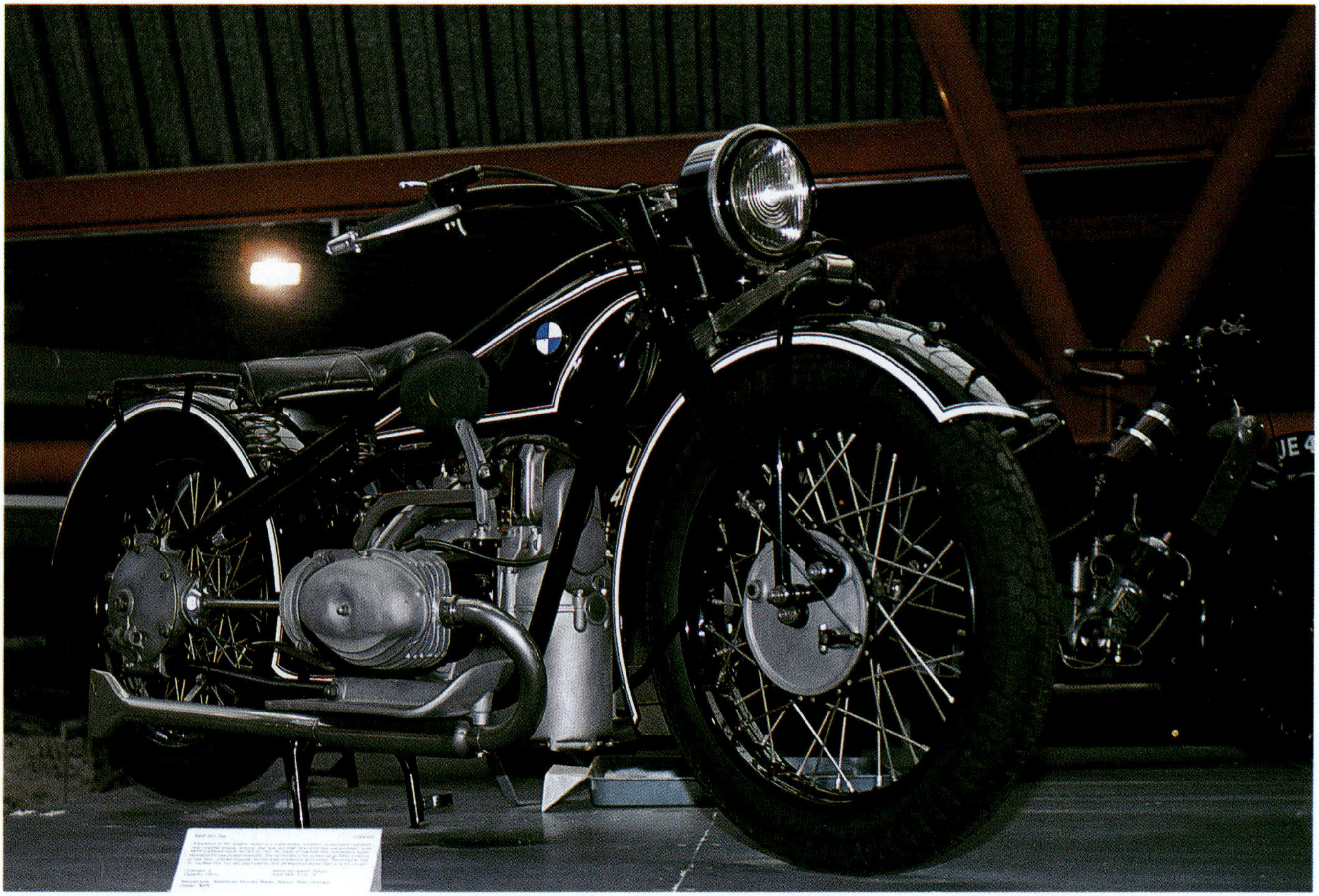

Zylinderkopf. Zum ersten Mal hatte ein Motorrad einen Zylinderkopf aus Leichtmetall mit hängenden, staubdicht in Öl gekapselten Ventilen. Die Zylinder selbst bestanden aus Stahl.

Die obenhängende Ventile, zusammen mit einer höheren Verdichtung, verdoppelten die Leistung auf 16 PS bei 4000 Umdrehungen, was der 295 Pfund schweren Maschine zu einer Höchstgeschwindigkeit von 112 km/h verhalf. Werksfahrer Hans Bieber holte mit dem Prototypen 1924 die deutsche Straßenmeisterschaft, und 1925 stand die R37 neben der R32 bei den Händlern.

Viele Exemplare wurden von dem teuren Prestige-Modell allerdings nicht verkauft. Ganze 152 Stück wurden in zwei Jahren gebaut – einschließlich zehn speziell aufgebauter Modelle, die an ausgewählte Renn- und Geländefahrer verkauft wurden. Mit einer Werksmaschine holte Schleicher 1926 bei den International Six Days in England eine

Oben:
Eine heute außerordentlich seltene, von Ing. Max Friz entwickelte ohv-R63 mit 750 ccm aus dem Jahre 1928, die damals schon 104 km/h schnell war.

Nächste Seite:
Die seitengesteuerte R52 mit 482 ccm war 1928 ihren Konkurrenten um Jahre voraus.

BMW
DS 9811

Gegenüberliegende und folgende Seite:
Nach dem Fall der Berliner Mauer entdeckte Wallace Lambert diese unrestaurierte R52. Die britischen Zulassungsbehörden verlangten lediglich neue Reifen.

Goldmedaille. Er war damit der erste deutsche Fahrer, der bei dieser Veranstaltung in England Gold gewonnen hatte. Professor A. M. Low, eine damals respektierte Autorität und technischer Chef der veranstaltenden British Auto-Cycle Union schrieb: „Die interessanteste Maschine der Veranstaltung war zweifellos die deutsche BMW. Ein quer im Rahmen eingebauter Boxermotor mit staubdicht gekapselter Ventilsteuerung, Blockkonstruktion und Kardanantrieb. Auch nach den härtesten Prüfungen trat nirgendwo auch nur ein Tropfen Öl aus, die Maschine war besonders leise und das Motorrad schien noch große Leistungsreserven zu haben. Seine Technik ist den britischen Motorrädern weit voraus."

Zurück in der Heimat gewann die R37 1925 fast 100 Rennen, einschließlich der 500-ccm-Klasse beim deutschen Grand Prix, der damals allerdings noch nicht zu den international bedeutenden Rennen zählte. Im gleichen Jahr vergrößerte BMW die Modellpalette mit dem ersten Einzylinder-Modell. Der Zylinder stand aufrecht über dem Kurbelgehäuse und hatte einen Hubraum von 247 ccm (68 × 68 mm). Ansonsten wurden die Technikmerkmale der Boxer übernommen.

Die R39 war eigentlich eine halbe R37. Der Motor hatte ebenfalls obenhängende, stoßstangengesteuerte Ventile und leistete gesunde sechs PS, was damals für eine Viertelliter-Maschine viel war. Die Höchstgeschwindigkeit lag bei knapp 100 km/h und konnte durch Tuning noch gesteigert werden. Dann war sie ein hervorragendes Rennmotorrad. Josef Stelzer gewann mit einem solchen Modell 1925 die Viertelliter-Klasse der deutschen Straßenmeisterschaft.

Zu jener Zeit hatten alle Modelle vordere Trommelbremsen und eine Transmissionsbremse hinten. Sie wurde mit der Hacke betätigt und wirkte auf eine kleine auf der Antriebswelle plazierte Scheibe hinter dem Getriebe.

Die Produktion der R32 lief 1926 aus und wurde durch die R42 ersetzt. Die Nummernfolge mag etwas irritieren, doch bei BMW wurden auch die Motorräder nummeriert, die es nur bis zum Prototypen brachten. Zwischen R32 und R42 zum Beispiel erreichten nur vier Modelle die Serienproduktion.

Die neue Maschine war eine aktualisierte R32. Abnehmbare Alu-Zylinderköpfe lösten die alten aus einem Guß gefertigten Zylinder und -köpfe ab, und die Leistung war nun auf zwölf PS bei 3400 Umdrehungen gestiegen. Um Platz für die vordere Trommelbremse zu schaffen, wanderte die Tachowelle ins Getriebe. Während der zweijährigen Produktionszeit wurden 6502 Exemplare gebaut.

Im Jahre 1927 ersetzte die R47 die R39 mit kopfgesteuerten Ventilen und die Leistung wuchs von 16 auf 18 PS. Im Gegensatz zur R39 war die R47 ein „richtiges" Serienmotorrad, von dem innerhalb zweier Jahre 1720 Exemplare gebaut wurden.

DS 9811

Rechts:
Kein anderer Hersteller wagt es, im Motor-/Getriebegehäuse ein Werkzeugfach vorzusehen. Die Werkzeuge werden so zwar heiß – aber wann braucht man sie schon?

Beide Modelle wurden 1928 aktualisiert. Die R52 ersetzte die R42 und die R57 löste die R47 ab. Die Motoren blieben so gut wie unverändert, dafür waren die Getriebe überarbeitet worden. Die Gänge wurden noch immer von Hand geschaltet, obwohl die Fußschaltung in Großbritannien zum Beispiel schon weit verbreitet war. Die Auspuffrohre nahmen nun die ganze Länge zwischen Motor und hinterem Schutzblech ein, und die Größe der vorderen Bremsen wurde den gestiegenen Leistungen angepaßt.

Der nächste wichtige Schritt bei BMW war 1928 die Einführung von zwei größeren Motoren, um die Modellpalette nach oben abzurunden. Bereits 1926 war die Produktion der R39 mit 250 ccm eingestellt worden. Erst 1931 sollte wieder eine neue leichtgewichtige Maschine vorgestellt werden. Die neuen Modelle waren die R62 mit einem seitengesteuerten 745 ccm (78 × 78 mm) großen Motor und die sportliche R63 mit einem Hubraum von 735 ccm (83 × 68 mm). Der seitengesteuerte Motor produzierte 18 PS bei 3400 Umdrehungen, während es der Langhuber mit obenhängenden Ventilen auf 24 PS bei 4000 Umdrehungen brachte. Das ergab eine Höchstgeschwindigkeit von knapp 130 km/h.

Es sollte dem sportlichen Motor mit 735 ccm Hubraum beschieden sein, für BMW internationalen Ruhm einzufahren. In jenen Tagen machten Geschwindigkeitsrekorde zu Wasser, zu Lande und in der Luft Schlagzeilen, und die Männer, die sie erzielten, waren die Helden der Gesellschaft. Bei BMW übernahm ein kleiner, schüchterner Fahrer aus München diese Rolle. Ernst Henne war ein erfolgreicher Renn- und Geländefahrer auf BMW-Werksmaschinen und hatte bereits 1926 und 1928 die Targa Florio auf Sizilien gewonnen.

Er war schon seit längerer Zeit an Rekordfahrten interessiert. Als er und seine Braut während ihrer Hochzeitsreise in Paris Station machten, waren die Zeitungen voll von Berichten über das Duell der beiden englischen Rennfahrer Oliver Baldwin und Bert Le Vack, die auf einer schnurgeraden Route Nationale bei Arpajon in der Nähe der französischen Hauptstadt mit ihren 1000-ccm-JAP-Maschinen (J A Prestwich) versuchten, den Geschwindigkeitsrekord für Motorräder zu verbessern. Die beiden hatten Motorräder mit speziell vorbereiteten Rahmen. Le Vack siegte schließlich mit seiner V-Twin und erzielte für den fliegenden Kilometer 206 und für die Meile 205 km/h.

Henne war überzeugt, daß er diese Bestmarken mit der kurzhubigen 735-ccm-Maschine verbessern könne. Das Werk hatte schon einige Erfahrungen mit aufgeladenen Motoren gemacht, und so wurde ein Zoller-Kompressor über dem Getriebe montiert, der die Leistung von 36 auf mehr als 70 PS anhob. Als Rekordstrecke wurde eine gerade, aber enge und baumbestandene Straße zwischen München und Ingolstadt ausgewählt.

Der Kardanantrieb der R52. Eine einfache und saubere Ingenieursarbeit.

BMW
DS

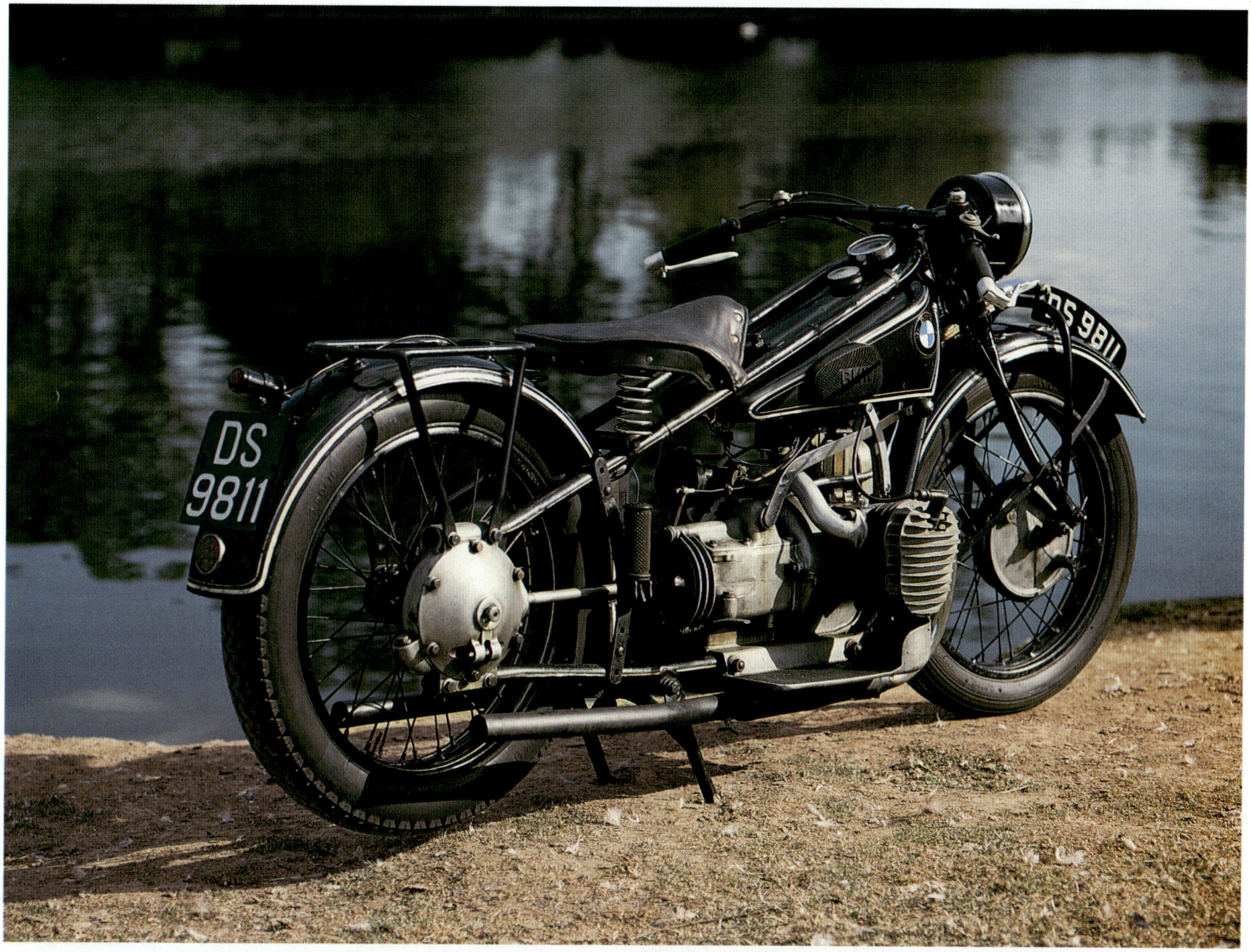

Im September 1929 war das Motorrad fertig. Henne, der auf jedes Detail achtete, trug einen stromlinienförmigen Helm und einen „Bürzel" am Allerwertesten, um möglichst wenig Luftwiderstand zu erzeugen. Das Motorrad selbst war niedrig und leicht, hatte aber keine Verkleidung. Henne brach den Meilenrekord mit 215,4 km/h und die Bestmarke für den Kilometer mit 215,6 km/h, wobei der Kilometer-Rekord von der Fédération Internationale Motocycliste (FIM) nicht anerkannt wurde, weil er nach der Fahrt über die Meile aufgestellt worden war. Also kehrte Henne ein paar Tage später noch einmal zurück und verlor bei dieser Fahrt beinahe sein Leben. Bei gut 200 km/h sprang die Vorderradachse aus einer der beiden Halterungen. Irgendwie schaffte er es dennoch, die Maschine ohne Unfall zum Stillstand zu bringen.

Oben:
Weil sie so schön ist: noch einmal Wallace Lamberts Maschine.

Links:
Eine Blattfeder übernahm die vordere Federung.

303
BMW
303

Der Herausforderer

Während Henne durch die Schlagzeilen der Weltpresse raste, brachte das Werk die neuen R11 und R16 mit 750 ccm auf den Markt. Die beiden Modelle waren bereits im November 1928 auf der Londoner Motorrad-Messe gezeigt worden, gingen aber erst Ende 1929 in Produktion.

Sie hatten eine ganz andere Optik als ihre Vorgängermodelle R62 und R63. Der Doppelschleifen-Rohrrahmen war von einem stabilen gepreßten Stahlrahmen abgelöst worden, der aus einem nicht mehr ganz nachvollziehbaren Grund „Star"-Rahmen hieß.

Stabil war er gewiß, doch ästhetisch war er ganz und gar nicht, was die Absatzchancen der Motorräder außerhalb Deutschlands nicht verbesserte. Er ließ die neuen Modelle ziemlich schwerfällig aussehen. Das ursprüngliche Layout wurde beibehalten. Die beiden Preßstahlprofile waren mittels Querträgern verbunden. Die Vordergabel wurde ebenfalls aus gepreßtem Stahl gefertigt und zeigte eine Art Schwingenkonstruktion mit Blattfeder.

Die Motoren blieben praktisch unverändert. Die R11 wurde von einem seitengesteuerten Aggregat mit 745 ccm angetrieben, das 18 PS bei 3400 Umdrehungen leistete. Die sportliche R16 hatte den Langhuber mit 735 ccm und 25 PS bei 4000 Umdrehungen als Antrieb. Die Kraftübertragung übernahm ein handgeschaltetes Dreiganggetriebe. BMW bot zu jener Zeit keinen Gasdrehgriff an. Der sollte erst 1930 bei den Modellen der Serie 11 kommen.

Bis Ende 1929 waren 22 000 Boxermaschinen verkauft worden, und dem Werk ging es entsprechend gut. Zusätzlich zu den Motorrädern hatte sich BMW in die Welt der Automobile gewagt und zunächst den Austin 7 in Lizenz als Dixi gebaut. Dem sollten noch zahlreiche eigene Entwicklungen folgen. Auch der Bau von Flugmotoren war wieder aufgenommen worden.

Dann kam der Wall-Street-Crash 1929, dem die Weltwirtschaftskrise folgte. Die Reichsregierung führte damals, um der Motorradindustrie zu helfen, eine Klasse kleiner Maschinen ein, für die kein Führerschein notwendig war und keine Steuer bezahlt werden mußte. BMW brachte daraufhin die R2 (das System der Typenbezeichnungen war nach der R63 völlig durcheinander geraten) heraus. Der Einzylinder mit hängenden Ventilen hatte 198 ccm (63 × 64 mm) und war samt Dreiganggetriebe in einem leichtgewichtigen Rahmen aus gepreßtem Stahl untergebracht. Die Leistung lag zunächst bei 6, später bei 8 PS bei 4500 Umdrehungen. Er verkaufte sich gut und wurde bis zu seiner Ablösung 1926 insgesamt 15 207 Mal gebaut.

Vorhergehende Seite:
Eine R5-Rennmaschine ohne Aufladung in den späten siebziger Jahren auf der kalifornischen Rennstrecke von Laguna Seca.

Die Weltwirtschaftskrise traf auch den Motorsport. Doch Henne gab nicht auf. Anfang 1930 erreichte er auf einem zugefrorenen See bei Östersund in Schweden 198 km/h für den fliegenden Kilometer. Die mit Spikes bewehrten Reifen konnten einen Unfall nicht verhindern. Im August 1930 taucht Joe Wright in Arpajon mit seiner mächtigen aufgeladenen OEC-Temple-Jap mit 1000 ccm auf und verbessert den Weltrekord auf 219 km/h. Henne antwortet mit 220 km/h im September, woraufhin Wright auf einer Straße in der Nähe von Cork in Irland 241 km/h erreicht.

Das Wettrennen geht weiter. Henne versucht es im österreichischen Neukirchen und verpaßt mit 236 km/h Wrights Rekord nur knapp, erzielt aber eine Bestleistung für Motorräder mit 750 ccm. Erst im November schlägt er Wrights Rekord. Im ungarischen Tat erreicht er eine Geschwindigkeit von 244 km/h. Im Oktober 1934 verbessert er seine Marke noch einmal im ungarischen Györ auf 244 km/h. Mit einer 500er stellt er auch einen Rekord für die Halbliter-Klasse mit 226 km/h auf. Von da an konzentrierte sich das Werk in seinen Motorsport-Aktivitäten auf die Halbliter-Klasse. Henne wurde noch einmal 1936 mit der 750er aktiv, als er 254 km/h erreichte. Mit der verkleideten 500er schaffte er 270 km/h. Danach verbesserte er den von Piero Taruffi mit einer Vierzylinder-Gilera aufgestellten Rekord (272 km/h) auf 277 km/h. Diese Marke sollte 17 Jahre lang Bestand haben.

Während Henne die Massen mit seinen Rekordfahrten beeindruckte, entwickelte das Werk ständig die Straßenmaschinen weiter. Die wichtigste Modifikation war die Montage zweier Fisher-Amal-Vergaser in die sportliche R16. Das ließ die Leistung von 25 auf 33 PS steigen. Doch der hohe Preis der Maschine stand ihrer Verbreitung entgegen. Nur 1106 Modelle wurden bis Ende 1934 produziert. Die wesentlich billigere, seitengesteuerte R11 brachte es auf 7500 Exemplare.

Hinter den Kulissen wurde bereits an einer neuen Rennmaschine gearbeitet. Und als Hitler die Macht übernahm, ermutigte er die deutschen Hersteller, sich stärker im Motorsport zu engagieren, um die Massen zu begeistern. BMW, DKW und NSU sollten dabei Schlüsselrollen übernehmen.

Die BMW-Ingenieure blieben dem Boxer-Layout treu, wählten aber Bohrung und Hub von 66 × 72 mm, was einen Hubraum von 492 ccm ergab, und ein fußgeschaltetes Vierganggetriebe. Das war zu jener Zeit bei der Mehrheit der Sportmaschinen Standard, wurde von BMW aber erst mit der Sport-R5 von 1936 eingeführt. Der Kompressor, bei früheren Wettbewerbsmodellen auf dem Getriebe montiert, saß nun vorne am Kurbelgehäuse. Die Ventilsteuerung war neu. Die Stoßstangen verschwanden und wurden durch einen Königswellenantrieb abgelöst.

Zwei Nockenwellen arbeiteten pro Zylinder, aber diese steuerten die Ventile mittels Kipphebeln, so daß der Motor dann doch kein richtiges

Doppelnockenwellen-Aggregat war. Diese Lösung wurde noch einmal bei den Rennsport-Maschinen der fünfziger Jahre verwendet. Dieser Motor, der in seinen frühen Versionen um die 55 PS leistete, saß in einem konventionellen Rohrrahmen, wobei es hinten keine Federung gab. Dafür wartete die vordere Aufhängung mit einer Überraschung auf: einer Teleskopgabel mit hydraulischer Dämpfung. Schon früher war mit Teleskopgabeln experimentiert worden, doch diese hatte zum ersten Mal eine hydraulische Dämpfung, die jene ruckartigen Bewegungen verhinderte, zu denen die Schraubenfedern neigen, wenn sie bei hohen Geschwindigkeiten gefordert werden.

Die neue Rennmaschine gab ihr Debüt 1935 auf der Berliner Avus. Sie begann ihre Laufbahn nicht gleich mit einem Sieg. Ludwig „Wiggerl" Kraus wurde Zweiter hinter der Werks-Husqvarna des Schweden

Die aufgeladenen Rennmaschinen der späten dreißiger Jahre hatten nur einen Vergaser.

Shell
12
Shell
9

Ragnar Sunnquist, der einen Durchschnitt von 171 km/h erreichte. Überraschenderweise trug eine leicht gezähmte Version das deutsche Trophy-Team bei den Six Days auf den ersten Platz. Ein Mitglied der Mannschaft war Georg „Schorsch" Meier, der noch eine glänzende Zukunft als Rennfahrer vor sich haben sollte.

Nach dem Avusrennen hat sich BMW offensichtlich ganz auf die Six Days konzentriert, denn das Werk nahm an keinem bedeutenden Rennen mehr teil. Bei der Saisoneröffnung 1936 in Hannover schickte BMW Karl Gall und Otto Ley mit neuen aufgeladenen Rennmaschinen ins Rennen, und in der deutschen Presse gab es sogar Gerüchte, daß BMW an der Tourist Trophy auf der Isle of Man teilnehmen wolle. Daraus wurde jedoch nichts. Bei den übrigen Rennen erwies sich die BMW als sehr schnelles, aber auch schwer zu fahrendes Motorrad.

Beim Schweizer Grand Prix gewann Jimmy Guthrie mit seiner Norton die Halbliter-Klasse mit einem Durchschnitt von 146 km/h vor der BMW von Ley und der DKW von Kurt Mansfeld. Guthrie siegte auch in der 500er-Klasse beim deutschen Grand Prix auf dem Sachsenring und bei der holländischen TT, wieder vor Ley, der dafür aber den Rundenrekord mit einem Durchschnitt von 146 km/h aufstellte. Die BMW war unbestritten die schnellste Halbliter, doch um siegen zu können, mußte ihr Fahrverhalten verbessert werden, damit die Piloten nicht bereits nach einigen Runden erschöpft waren.

Ende August 1936 gelang BMW beim schwedischen Grand Prix endlich der erste Sieg. Ley gewann vor Gall und Europameister Guthrie, dessen Norton zum ersten Mal seit 1935, als er bei der Tourist Trophy von Stanley Woods auf einer Guzzi besiegt worden war, geschlagen wurde. Ley erreichte einen Durchschnitt von 146 km/h und den Rundenrekord mit 149 km/h.

Die Lehren aus dem Sport fanden schnell ihren Niederschlag in der Serienproduktion. Schon 1935 bekamen die seitengesteuerte R11 mit 745 ccm und die sportliche ohv-R16 mit 35 PS Teleskopgabeln und hießen nun R12 und R17. Zum ersten Mal hatte ein Serienmotorrad eine Gabel mit hydraulischer Dämpfung. Die neuen Modelle hatten zwar auch ein Vierganggetriebe, das aber immer noch von Hand geschaltet werden mußte, was gar nicht zum Image der Maschinen paßte. Schließlich hatten andere Hersteller von Hochleistungsmotorrädern diese Lösung schon lange im Archiv abgelegt.

Georg „Schorsch" Meier startet sein aufgeladenes Rennmotorrad.

Härterer Wettbewerb

Um mit der Konkurrenz gleichzuziehen oder sie zu überholen (je nach Standpunkt), stellte BMW 1936 bei der Automobilausstellung in Berlin ein völlig neues Motorrad vor. Die R5 wurde von einem stark überarbeiteten Boxer-Zweizylinder mit einem Hubraum von 494 ccm (68 × 68 mm) angetrieben. Nur die technischen Abmessungen und die Ventilsteuerung mittels Stoßstangen waren vom Vorgängermodell übernommen worden, ansonsten war alles neu. Um hohe Drehzahlen und eine bessere PS-Leistung zu erreichen, waren die Ventile leichter und kürzer und wurden von zwei Nockenwellen angetrieben, anstatt wie bisher von einer zentral angeordneten.

Auf dieser aufgeladenen Maschine gewann Georg Meier 1939 die Tourist Trophy auf der Isle of Man.

Die 1939 erfolgreiche Maschine – diesmal von der anderen Seite.

Die Zylinderköpfe waren aus Aluminium gefertigt, und die neuen Haarnadel-Ventilfedern stammten von den Rennmaschinen. Der Motor leistete 24 PS bei 5800 Umdrehungen. Um Platz für das Vierganggetriebe zu schaffen, wurden die seit 1923 montierten Trittbretter durch Fußrasten abgelöst. Auch der umstrittene Rahmen aus gepreßtem Stahl verschwand und machte einer modernisierten Version des traditionellen Doppelschleifen-Rohrrahmens Platz, wobei die Verbindungen nun geschweißt und nicht mehr hartgelötet waren.

Die Teleskopgabel mit einem Federweg von zehn Zentimetern wurde montiert, doch noch immer gab es keine Hinterradfederung. Auf die mußten sogar die aufgeladenen Werksmaschinen verzichten. Die Dämpfung der Gabel konnte vom Fahrer eingestellt werden.

Der R5 folgte 1937 die erste 600er des Hauses, die R6. Sie war vor allem für den ständig an Bedeutung gewinnenden Gespann-Markt gedacht. Damals wurde ein Viertel aller Motorräder mit einem Seitenwagen verbunden. So entstand ein preiswertes Transportmittel für die Familie. Der seitengesteuerte Motor hatte einen Hubraum von 596 ccm (70 × 78 mm) und leistete 18 PS bei 4000 Umdrehungen. Wichtiger als die Leistung war jedoch das breite Drehmomentband.

Außer der Motorgröße entsprach die R6 der R5 – einschließlich des Vierganggetriebes mit Fußschaltung, Rahmen und Teleskopgabel. Zwei neue Einzylinder-Modelle kamen 1937 ebenfalls auf den Markt. Zunächst die R20 (192 ccm, 60 × 68 mm) mit Rohrrahmen und einer preiswerten Version der Teleskopgabel. Später gesellte sich noch die R35 mit 342 ccm (72 × 84 mm) dazu. Sie war vor allem für die Wehrmacht entwickelt worden und löste die von 1932 bis 1937 gebaute R4 mit 398 ccm ab. Sie hatte ein Vierganggetriebe, eine abgespeckte Version der Teleskopgabel und einen Rahmen aus gepreßtem Stahl. Mehr als 30 000 Exemplare der R4 und R35 wurden produziert.

Fünf neue Modelle standen im Februar 1938 auf dem BMW-Stand bei der Berliner Automobilausstellung. Vier von ihnen hatten die hintere Geradewegfederung, die für die Rennmaschinen ein Jahr zuvor entwickelt worden war. Das Spitzenmodell war nun die R66, die überraschenderweise nicht aus der R5 heraus entwickelt worden war und nur die Ventilfedern mit ihr gemeinsam hatte. Bohrung und Hub (70 × 78 mm) waren identisch, aber der Motor leistete statt 18 nun beeindruckende 30 PS bei 5300 Umdrehungen, was eine Höchstgeschwindigkeit von 144 km/h für die Solo- und 112 km/h für die Gespannmaschine ergab.

Die Sport-R5 wurde von der hinten gefederte R51 abgelöst, und aus der R6 wurde folgerichtig die R 61. Das Modell mit dem größten Hubraum war die R71, die von einer aktualisierten Version des seitengesteuerten Motors mit 745 ccm (78 × 78 mm) angetrieben wurde. Es sollte die letzte seitengesteuerte Maschine der Bayern werden. Ihre Produktion lief 1941 aus.

Das Berliner Neuheiten-Quintett wurde durch die R23 mit einem Hubraum von 247 ccm (68 × 68 mm) vervollständigt. Der Einzylinder war das erste Viertelliter-Modell aus München, seit Einstellung der R39 im Jahre 1926. 10 PS bei 5400 Umdrehungen standen zur Verfügung. Die R23 hatte einen Rohrrahmen und eine leichtere Teleskopgabel ohne hydraulische Dämpfung.

Im Rennsport machte BMW da weiter, wo man 1936 mit dem Erfolg von Ley und Gall beim schwedischen Grand Prix aufgehört hatte. Gall siegte bei der holländischen TT in der Halbliter-Klasse mit einem Schnitt von 148 km/h, fuhr mit 152 km/h auch die schnellste Runde und ließ die erfolgsverwöhnten Nortons von Jimmy Guthrie und Harold Daniell hinter sich. Beim Grand Prix von Europa in der Schweiz drehten die Briten das Blatt um, und Guthrie siegte vor sei-

Noch einmal Meier auf dem Kurs der Tourist Trophy.

nem Teamgefährten Freddie Frith. Guthrie holte sich auch den belgischen Grand Prix, kam aber beim Grand Prix von Deutschland auf dem Sachsenring bei einem Unfall in der letzten Runde ums Leben, und Gall fuhr auf den ersten Platz. Otto Ley war in Schweden vorne und Jock West gewann in Ulster, so daß BMW auf eine Bilanz von vier Siegen in sieben Grand-Prix-Rennen vorweisen konnte.

Das erste Rennen der Saison 1938 war die Tourist Trophy auf der Isle of Man. BMW trat mit drei Maschinen an, die von Gall, dem aufstrebenden Talent Georg Meier und dem Briten Jock West (im Jahr zuvor Sechster in der Halbliter-Klasse) gelenkt wurden. Doch der Ausflug in die Irische See stand unter keinem guten Stern. Gall fiel nach einem Trainingsunfall aus, und bei Meiers Maschine verabschiedete sich ein Gewinde, als die Trainingszündkerzen gegen Rennkerzen ausgetauscht wurden.

West erreichte abgeschlagen hinter dem Sieger Harold Daniell auf einer Norton (mit einer – allerdings ungedämpften Teleskopgabel) das Ziel. Dessen Rundenrekord von 145 km/h sollte für die nächsten zwölf Jahre bestehen bleiben. Beim belgischen Grand Prix siegte Meier mit einem Durchschnitt von 144 km/h vor Freddie Frith, der aber mit einem Schnitt von 155 km/h die schnellste Runde fuhr. Den dritten Platz belegte BMW-Werksfahrer West.

Norton siegte beim Schweizer Grand Prix in Genf. Daniell lag am Ende vor Frith. Die Briten ließen jedoch die holländische TT ausfallen, weil sie sich auf dem Kurs mit langen Geraden und langsamen Kurven keine Chancen ausrechneten. Meier siegte, aber erst nachdem der in Führung liegende Italiener Dorino Serafini mit seiner Vierzylinder-Gilera von der Strecke abgekommen war. Meier gewann auch den deutschen Grand Prix vor den Norton-Piloten Daniell und Frith.

Für das Rennen in Ulster hatte Joe Craig noch einige zusätzliche PS in den Werks-Nortons mobilisiert. Frith fuhr dann auch mit einem Schnitt von 158 km/h die schnellste Runde und baute während des Rennens seinen Vorsprung ständig aus, bis er von der Strecke abkam

John Surtees auf dem 1939 bei der Tourist Trophy erfolgreichen Motorrad beim Brands Hatch Superprix im Jahre 1989.

Georg Meier und Frau sowie Walter Zeller, das siegreiche Motorrad und andere ehemalige Piloten ehren Karl Gall in Ballaugh, wo er 1939 beim Training für die Tourist Trophy tödlich verunglückte.

und Daniell die Führung übernahm. Der mußte aber wegen eines Lagerschadens aufgeben, und West auf seiner BMW erbte den Sieg.

Norton zog sich danach aus dem Renngeschehen zurück, um militärische Aufträge zu erfüllen. Die Kriegsgefahr wurde immer deutlicher. BMW und Gilera waren nun in der Halbliter-Klasse unter sich. Meier gewann 1939 die Tourist Trophy mit einem Schnitt von 143 km/h. Das Team war trotz des Todes von Gall bei einem Trainingsunfall an den Start gegangen.

Auch in jenen Tagen wurden die Motorräder bei den Rennen gewogen. Die BMW von Meier war mit 302 Pfund die leichteste TT-Maschine, während es die Norton von Frith (eine 38er Werksmaschine, mit der er den zweiten Platz belegte) auf 326 Pfund brachte. Die aufgeladene AJS von Walter Rusk wog 404 Pfund. Meier siegte danach bei der holländischen TT und im belgischen Grand Prix, wo er eine Runde mit einem Schnitt von 161 km/h fuhr und als erster Pilot die 160-km/h-Grenze übertraf. Im schwedischen Grand Prix gelang ihm das Kunststück noch einmal, verunglückte aber danach, und Serafini auf seiner Gilera holte den Sieg. Der verletzte Meier mußte dann tatenlos zusehen, wie Serafini in Deutschland und Ulster siegte.

Und wie schnell war nun die aufgeladene BMW-Zweizylinder 1939? Jock West schätzte ihre Leistung auf 68 PS, was eine Höchstgeschwindigkeit von gut 220 km/h mit TT-Übersetzung ergab. Mit ihr endete eine Ära.

Der Wiederaufbau

Als im September 1939 der Zweite Weltkrieg ausbrach, hatte BMW insgesamt 160 000 Motorräder produziert – von der R20 mit 192 ccm bis zur mächtigen 745-ccm-Zweizylindermaschine. Allen gemeinsam war die Bauweise mit einer längsliegenden Kurbelwelle, Autokupplung und Kardanantrieb.

Für die Wehrmacht gab es die R35-Einzylindermaschine mit 342 ccm und eine militärische Version der R12 mit einem seitengesteuerten Zweizylinder und 745 ccm. Mehr als 30 000 Exemplare wurden vor und während des Krieges produziert. Beide Modelle hatten den Rahmen aus gepreßtem Stahl und Teleskopgabeln.

Die berühmteste Wehrmachtsmaschine aber war die R75. Das Gespann wog vollgetankt mit Maschinengewehr und drei Mann Besatzung fast eine Tonne. Die Wehrmacht hatte ein überall einsetzbares Gefährt verlangt und ihr Lastenheft bereits 1938 bei allen Herstellern verteilt.

BMW baute 1939 einen Prototypen der R75 und begann 1941 mit der Produktion. Der Seitenwagen war fest mit dem Motorrad verbunden und konnte nicht abgenommen werden. Angetrieben wurde die R75 von einer gezähmten Version des ohv-Motors mit 745 ccm (78 × 78 mm). Die Leistung wurde mit 26 PS bei 4000 Umdrehungen angegeben. Das fußgeschaltete Viergangetriebe war mit einem Vorgelege ausgerüstet, so daß acht Vorwärts- und zwei Rückwärtsgänge zur Verfügung standen. Das Rad des Beiwagens war ebenfalls angetrieben, so daß die R75 eigentlich ein dreirädriges Geländefahrzeug war. Für schlechte Wegstrecken stand eine Differentialsperre zur Verfügung. Die 16-Zoll-Räder hatten eine breite Bereifung und die Bremsen einen Durchmesser von 25 Zentimetern. Sie wurden hydraulisch betätigt. Der Koloß erreichte eine Höchstgeschwindigkeit von knapp 100 km/h. Ungefähr 18 000 Exemplare wurden produziert, bis das Modell vom Volkswagen Kübel abgelöst wurde.

1942 wurde die Motorrad-Produktion nach Eisenach verlegt. Die dortige Fabrik war von BMW in den späten zwanziger Jahren erworben worden, um den Dixi zu produzieren. Sowohl Eisenach als auch die Produktionsanlagen in München, wo Flugmotoren für die Focke-

Eine ehemalige Wüsten-R75 – komplett, mit Ausnahme des Maschinengewehrs.

Die Sowjets übernahmen das Design der R75 und produzierten sie nach dem Krieg als Ural, Cossack oder Dnjepr.

Wulf 190 und die JU 52 gebaut wurden, litten unter Bombenangriffen. Vor allem München wurde hart getroffen. Am 11. April 1945 befahl Hitler, alle noch vorhandenen Produktionsanlagen zu zerstören, damit sie nicht in die Hände der Alliierten fielen.

Die beiden Vorstandsmitglieder Kurt Donath und Arthur Scholl (der Österreicher Franz-Josef Popp, der BMW von 1917 an geleitet hatte, war 1942 pensioniert worden) ignorierten den Befehl aus Berlin und machten sich statt dessen daran, zu retten, was noch zu retten war. Das war nicht viel, und ihre selbstgestellte Aufgabe wurde nicht dadurch erleichtert, daß Eisenach in der sowjetisch besetzten Zone lag, und in München die Amerikaner alles Brauchbare abschleppten.

Es war wie 1919. Wie damals stellte BMW alle nur denkbaren Produkte her – Töpfe, Pfannen, Bäckereibedarf, landwirtschaftliche Maschinen, um den Wiederaufbau Deutschlands voranzutreiben und die Angestellten zu beschäftigen. Die Produktion von Motorrädern war verboten worden. Auch ohne das Verbot wäre BMW gar nicht in der Lage gewesen, deren Produktion wieder aufzunehmen, weil die ehemalige Produktionsstätte unerreichbar hinter dem Eisernen Vorhang lag und zudem alle Konstruktionszeichnungen und -unterlagen verbrannt waren.

Als die Alliierten schließlich einlenkten, wurden Vorkriegsmodelle demontiert und erst einmal neue Zeichnungen angefertigt. Das erste „neue Modell" wurde im Dezember 1948 hergesetllt. Es war die R24 mit einem 247 ccm großen Einzylindermotor, der von der alten R23 abgeleitet worden war, aber nun statt 10 PS deren 12 bei 5600 Umdrehungen leistete. Fast 10 000 Exemplare wurden zwischen 1949 und 1959 produziert, bis das Modell von der R25 mit der Hinterradfederung der Vorkriegs-Boxer abgelöst wurde.

Es dauerte noch einige Zeit, bis die Boxer-Modelle wieder produziert werden konnten. Als erste kam die R51/2, eine überarbeitete Variante der bereits 1938 vorgestellten Maschine auf den Markt. Der Motor hatte einen Hubraum von 494 ccm (68 × 68 mm) und war in einem Rahmen mit hinterer Geradwegfederung und Teleskopgabel montiert. 1950 rollte das Modell auf den Markt. Ein Jahr später folgte dann das erste neue Boxer-Motorrad nach dem Krieg. Die R67 war als Gespann-Motorrad entwickelt worden, hatte einen Hubraum von 594 ccm (72 × 73 mm) und leistete 26 PS bei 5500 Umdrehungen. Die Bremsen waren verstärkt worden, um das Gefährt sicher verzögern zu können.

Das 494-ccm-Modell wurde weiter verfeinert und als R51/3 mit verbessertem Motor im Februar 1951 in Amsterdam vorgestellt. Die Antriebseinheit war gründlich aufgeräumt worden. Magnet und Lichtmaschine verschwanden unter einer Abdeckung. Auch die Ventilsteuerung und das Kipphebelgehäuse waren verbessert worden.

In jenem Jahr wurde in Frankfurt das lang erwartete Spitzenmodell vorgestellt. Die R68 wurde von einem modifizierten Motor mit 594 ccm (72 × 73 mm) angetrieben, der 35 PS bei 7000 Umdrehungen leistete und zum ersten Mal ein BMW-Serienmodell auf mehr als 160 km/h beschleunigte. Die Verdichtung war von 5,6:1 auf 7,5:1 angehoben worden. Die Ventile waren größer, und die Gemischaufbereitung übernahmen zwei Bing-Vergaser (26 statt 22 mm).

Deutschland war wieder in den internationalen Motorsport zurückgekehrt, das deutsche Wirtschaftswunder hatte begonnen und bescherte den Motorradfabriken Rekord-Absatzzahlen, was nicht zuletzt an der wiedererwachten Reiselust der Menschen lag.

Die R51 mit 500 ccm und Teleskopgabel aus dem Jahre 1952 mit modernen, heute vorgeschriebenen Blinkern.

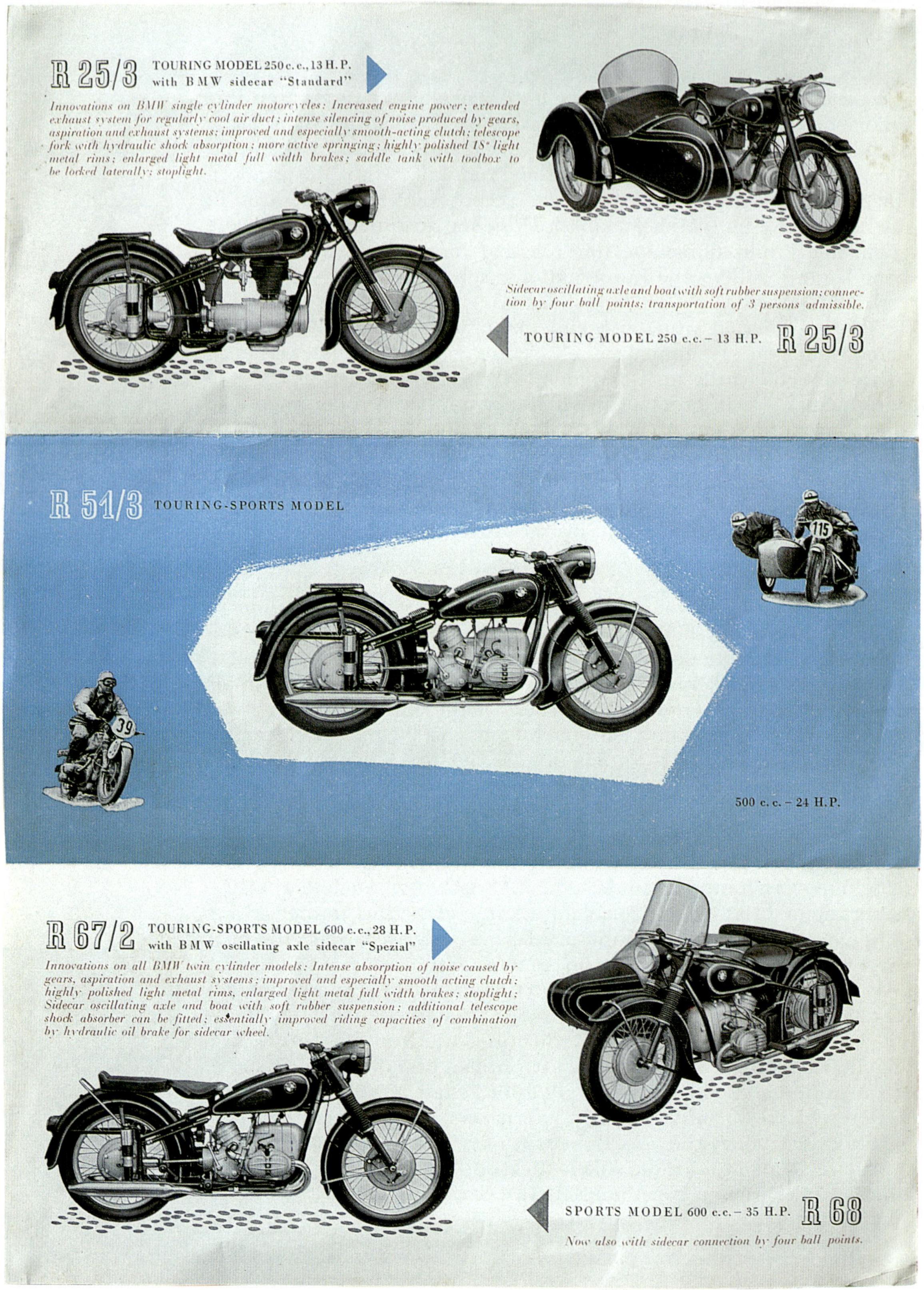
R 25/3 TOURING MODEL 250 c. c., 13 H. P. with BMW sidecar "Standard"

Innovations on BMW single cylinder motorcycles: Increased engine power; extended exhaust system for regularly cool air duct; intense silencing of noise produced by gears, aspiration and exhaust systems; improved and especially smooth-acting clutch; telescope fork with hydraulic shock absorption; more active springing; highly polished 18" light metal rims; enlarged light metal full width brakes; saddle tank with toolbox to be locked laterally; stoplight.

Sidecar oscillating axle and boat with soft rubber suspension; connection by four ball points; transportation of 3 persons admissible.

TOURING MODEL 250 c. c. – 13 H. P. R 25/3

R 51/3 TOURING-SPORTS MODEL

500 c. c. – 24 H. P.

R 67/2 TOURING-SPORTS MODEL 600 c. c., 28 H. P. with BMW oscillating axle sidecar "Spezial"

Innovations on all BMW twin cylinder models: Intense absorption of noise caused by gears, aspiration and exhaust systems; improved and especially smooth acting clutch; highly polished light metal rims, enlarged light metal full width brakes; stoplight; Sidecar oscillating axle and boat with soft rubber suspension; additional telescope shock absorber can be fitted; essentially improved riding capacities of combination by hydraulic oil brake for sidecar wheel.

SPORTS MODEL 600 c. c. – 35 H. P. R 68

Now also with sidecar connection by four ball points.

Links:
Die komplette BMW-Modellpalette des Jahres 1953.

Rechts:
Die Einzylinder R25/2, Baujahr 1953.

Eine für den amerikanischen Markt gebaute R25 mit rotem Benzintank.

Dieses R51/3-Gespann zieht überall bewundernde Blicke auf sich.

20
20

NACHKRIEGSRENNEN

Schon bald nach Kriegsende wurden in Deutschland wieder Rennen veranstaltet. Viele der Rennmaschinen hatten irgendwie den Krieg überdauert, und auch eine große Zahl von Rennfahrern lebte noch. Dazu gehörte auch Georg Meier, der sich spannende Duelle mit der aufgeladenen NSU lieferte, die kurz vor Kriegsausbruch entwickelt worden war. Zu jener Zeit durften die deutschen Rennfahrer nur an Rennen im eigenen Land teilnehmen. Von den seit 1949 von der Fédération Internationale Motocycliste (FIM) veranstalteten Weltmeisterschafsläufen waren sie ausgeschlossen.

Das änderte sich 1951, als der deutsche Verband in die FIM aufgenommen wurde. Freilich brachte das große Probleme für die beteiligten Werke mit sich. Denn der internationale Verband hatte den Einsatz von aufgeladenen Motorrädern verboten, und daher trat BMW zunächst mit Vorkriegsmodellen gegen die internationale Konkurrenz an. Mit einer zehn Jahre alten, ihres Kompressors beraubten Maschine erreichte der mittlerweile 41jährige Meier beim deutschen Grand Prix auf der Solitude-Rennstrecke in Stuttgart einen beachtlichen fünften Platz hinter den modernen Norton-Maschinen, die von Geoff Duke, Ken Kavanagh, Jack Brett und Johnny Lockett gelenkt wurden.

Ein junger Fahrer belegte auf der zweiten BMW-Werksmaschine den sechsten Platz. Sein Name war Walter Zeller. Obwohl Meier noch bis 1953 Rennen fuhr, übernahm Zeller bald seine Rolle als Nummer Eins bei BMW für internationale Rennen. 1952 war das Lehrjahr der Bayern. Zeller und Hans Baltisberger nahmen ohne nennenswerte Erfolge an einigen internationalen Rennen teil, während Meier bei nationalen Veranstaltungen seine Klasse demonstrierte.

Auf dem ultraschnellen Grenzlandring bei Mönchengladbach siegte Zeller mit einem Durchschnitt von 188 km/h. Meier holte sich den Rundenrekord mit einem Schnitt von 198 km/h. Auf dem Schottenring fuhr Meier wieder die schnellste Runde und siegte vor Zeller und Ray Amm auf seiner Norton. Beim Stadtparkrennen in Hamburg belegten die BMW-Fahrer Meier, Zeller und Baltisberger die ersten drei Plätze. 1953 unterschied sich nur wenig von der vorangegangenen Saison, und nachdem Meier deutscher Meister in der Halbliter-Klasse geworden war, trat er mit 43 Jahren vom Rennsport zurück. Das britische Fachblatt Motor Cycling schrieb über die Saison: „BMW hat sich nicht als gefährliche Kraft erwiesen … aber vielleicht hat das Werk ein Lehrjahr eingelegt, denn kein Team nahm regelmäßig an Rennen teil und die Entwicklungsarbeit stand ständig im Vordergrund."

Oben:
Werksfahrer Walter Zeller mit seiner Rennsport bei der Tourist Trophy 1956, die er als Vierter beendete. Am Ende der Saison war er Vizeweltmeister und erreichte damit für BMW die beste WM-Plazierung in einer Soloklasse.

Vorangegangene Seite:
Geoff Duke fuhr 1958 für BMW und belegte in der WM-Wertung einen vierten Platz.

Das Ergebnis der Lernphase wurde 1954 offensichtlich, als BMW eine Serie von 25 Rennsport-Maschinen auflegte. Das Werk hatte bereits zu Vorkriegszeiten kleine Auflagen von Sport-Motorrädern für Rennen gebaut, doch die getunten Stoßstangenmotoren waren eher sportliche Versionen der Serienmodelle als echte Rennmaschinen. Zuerst kam 1937 die R5SS, gefolgt von der R51SS mit Hinterradfederung (1938) und der R41RS (1939). Die letzte Version war ein ernsthafter Konkurrent für die Manx Norton, leistete 36 PS und erreichte ein Spitzentempo von 184 km/h. Seltsamerweise hatten diese Modelle trotz der erfolgreichen Werksmaschinen keine Aufladung.

Wie bei den Vorkriegs-Modellen wurde auch die neue „Rennsport" nur an ausgewählte Piloten verkauft. Doch im Gegensatz zu jenen Maschinen war die Rennsport ein echter Nachbau der Werksmaschinen. Der kompakte Motor mit 492 ccm (66 × 72 mm) hatte als Gemischaufbereitung zwei 30mm-Fisher-Amal-Vergaser. Zur Überraschung aller hatte die Rennsport nur ein Vierganggetriebe, das je-

doch von Piloten, die wettbewerbsfähig sein wollten, in ein Fünfganggetriebe umgebaut wurde. Die Leistung lag bei 55 PS bei 8000 Umdrehungen. Allerdings gestattete der Motor auch kurze Ausflüge bis auf 9000 Umdrehungen.

Die Rennsport war nicht leicht zu fahren. Wegen der herausragenden Zylinder mußte der Motor ziemlich weit oben im Rahmen montiert werden, um große Schräglagen zu ermöglichen, was den Schwerpunkt nach oben wandern ließ. Die Stirnfläche war natürlich auch größer als bei Einzylinder-Modellen. Ein weiterer Schwachpunkt waren die Reaktionsmomente, die die längs angeordnete Kurbelwelle verursachte. Beim abrupten Beschleunigen oder Gaswegnehmen brachten sie die Maschine mitunter zum Kippen, was eine sehr aufmerksame Fahrweise verlangte.

Der Rahmen war auch keine große Hilfe, mit der theoretisch überlegenen, aber ungetesteten Earles-Federgabel und der orthodoxen hinteren Schwinge. Die Kardanwelle lag auf der rechten Seite. Doch der hervorragende Antrieb glich die Schwächen mehr als aus. In den

Die Doppel-Weltmeister in der Seitenwagen-Klasse, Willy Schneider und Hans Strauss, 1958 auf dem Weg zum Titelgewinn. Die BMW-Rennsport-Gespanne holten insgesamt 19 Weltmeistertitel.

121

Walter Zellers Halbliter-Werksmaschine aus dem Jahr 1954.

Zeller (zweiter von links) wartet auf das Startsignal.

richtigen Händen (wie zum Beispiel Gerold Klinger aus Österreich, den beiden Deutschen Hans Riedelbauch und Ernst Hiller oder Dickie Dale aus Großbritannien und dem Australier Jack Forrest) dominierte die Rennsport die Halbliter-Klasse der weniger wichtigen Rennen in Europa.

Zu dieser Zeit hatten die meisten Rennsport-Besitzer schon aufgegeben und die Maschine mit Profit an Gespannfahrer verkauft. Als Solomaschine mag die Rennsport sehr schwer zu beherrschen gewesen sein – für Gespanne war sie geradezu ideal. Die werksunterstützten Fahrer hatten das schon demonstriert. Willi Noll und „Schmiermaxe" Fritz Cron schlugen 1954 das Norton-Duo Eric Oliver/Les Nutt sowie Cyril Smith/Stan Dibben im Kampf um die Seitenwagen-Weltmeisterschaft.

Willi Faust und Karl Remmert holten den Titel 1955 und schufen damit die Grundlage für die BMW-Dominanz in dieser Klasse, die noch 20 Jahre lang anhalten sollte. In der Solo-Klasse sah es weniger günstig aus. Walter Zeller war der einzige Werksfahrer und fuhr 1954 und 1955 hauptsächlich nationale Rennen. Zellers zweiter Platz beim Grand Prix von Deutschland 1955 hinter der Gilera von Geoff Duke ermutigte das Werk, Zeller für die Weltmeisterschaft 1956 zu melden. Bohrung und Hub des Motors waren geändert worden – zunächst von 66 × 72 mm auf 68 × 68 mm (was das Drehzahlband bis auf 9500 Umdrehungen ausdehnte und die Leistung auf 60 PS anwachsen ließ) und später auf 70 × 64, was 10 000 Umdrehungen und 65 PS möglich machte.

Der reiche junge Bayer begann die Saison mit einem vierten Platz bei der Tourist Trophy auf der Isle of Man, was unter anderem an der Entscheidung lag, wegen des starken Windes ohne Stromlinienverkleidung zu fahren. Bei der holländischen TT wurde er Zweiter hinter John Surtees auf MV Agusta. Am darauffolgenden Wochenende belegte Zeller beim belgischen Grand Prix wieder den zweiten Platz und holte nach enttäuschenden Ergebnissen in Deutschland und Irland einen sechsten Platz beim abschließenden italienischen Grand Prix. In der Endabrechnung wurde Zeller hinter John Surtees (MV Agusta) Vize-Weltmeister.

Zeller und BMW versuchten es 1957 noch einmal, doch in jenem Jahr kehrte Gilera mit aller Macht zurück, und am Ende standen auf der Erfolgsliste zwei dritte Plätze beim deutschen Grand Prix und der holländischen TT.

Der Motorradmarkt steckte in einer Krise und zwang BMW, sich aus der Rennszene zurückzuziehen. Zeller selbst glaubte, keine Chance gegen die italienischen Maschinen zu haben, wurde zudem an seine Verantwortung dem väterlichen Stahlbetrieb gegenüber erinnert und zog sich ebenfalls zurück.

Vielleicht hat er sich ein Jahr zu früh zurückgezogen. Denn nach BMW traten auch Gilera, Moto Guzzi und Mondial auf die Rennbremse. Damit war nur noch MV Agusta mit ihren hochmodernen dohc-Reihen-Vierzylindern zu schlagen.

Viele ehemalige Werksfahrer suchten nach neuen Maschinen, und Geoff Duke erwarb schließlich Zellers Motorrad, stieß es aber vor Ende der Saison 1958 zugunsten einer Norton wieder ab. Dickie Dale mit einer besser vorbereiteten Rennsport war erfolgreicher. Dank regelmäßiger Plazierungen erreichte er den dritten Platz in der Weltmeisterschaftswertung.

Je härter der Wettbewerb wurde, desto mehr zogen sich BMW-Piloten zurück und überließen die Abteilung Ruhm und Ehre von nun an ausschließlich den Seitenwagen-Piloten.

Max Deubels unschlagbarer Gespann-Motor.

Links:
Fritz Schneidegger und John Robinson 1964 in Brands Hatch. In diesem Jahr wurden sie Vize-Weltmeister.

Oben:
Hans Luthringshauser und J. Cusnik belegten 1972 den zweiten Platz in der Weltmeisterschaft.

Oben:
Dickie Dale verunglückte während der Saison 1958 tödlich und belegte posthum den dritten Platz in der Weltmeisterschaft.

Rechts:
Noch in den achtziger Jahren auf Siegerkurs. Kurt Liebmann vor der Matchless G50 von Dave Roper 1982 in Daytona.

52
1

Der Markt

Ungerührt von den sportlichen Erfolgen, die die Schlagzeilen beherrschten, entwickelten die Techniker in München das klassische Boxer-Konzept weiter. Ein wichtiger Schritt nach vorne war 1955 die Übernahme des Rahmens aus dem Rennsport (mit einigen Abstrichen) mit Earles-Frontgabel, und, was in Sachen Komfort noch wichtiger war, der hinteren Schwinge. Zwei Modelle wurden im Januar 1955 in Brüssel vorgestellt. Eine Alltags-Halbliter mit 494 ccm (68 × 68 mm), die 25 PS bei 5800 Umdrehungen leistete, und ein neues Flaggschiff, die R69, die Ablösung der R68. Das Nachfolge-Modell behielt den 594 ccm großen Motor, der 35 PS leistete und die Maschine auf mehr als 160 km/h beschleunigte.

Die beiden waren Qualitäts-Motorräder, was sich auch in den Preisen ausdrückte, die weit über dem lagen, was beispielsweise britische Hersteller für ihre Modelle verlangten. Zu diesem Zeitpunkt entdeckten die Amerikaner jedoch die BMW-Motorräder. Die USA sollten in der Folgezeit der wichtigste Exportmarkt werden.

Beide Modelle hatten 18- statt der bisherigen 16-Zoll-Räder, doppelte Frontbremsen und gegen Aufpreis eine Sitzbank. Serienmäßig gab es den inzwischen berühmten gefederten Sattel. Die Sport-R69 hatte eine Sitzbank aus dem Rennsport, auf der sich der Pilot entweder lang machen oder einen Sozius mitnehmen konnte. Für Freunde des Gespannfahrens gab es eine „gezähmte" Version der 594-ccm-Maschine. Die R60 leistete 28 PS und ersetzte die R67/3.

Zu dieser Zeit steckte die internationale Motorrad-Industrie in einer tiefen Krise. Preiswerte Kleinwagen mit Familienformat hatten die motorisierten Zweiräder in die Ecke gedrängt, und drei berühmte deutsche Hersteller – DKW, Adler und Horex – gaben 1957 auf. Bei BMW fiel die Produktion von einstmals 29 699 (1954) auf 5500 Exemplare im Jahre 1957. Die BMW-Motorrad-Produktion verdankte ihre Existenz zu jenem Zeitpunkt vor allen Dingen dem amerikanischen Markt, der zu jenen schwierigen Zeiten bis maximal 85 Prozent der Produktion aufnahm.

Auch die Automobil-Produktion bei BMW steckte in der Krise. Der V8 verkaufte sich nicht gut und auch der Kleinstwagen Isetta mit seinem 250-ccm-Motor war für die Wirtschaftswunderzeiten mittlerweile zu einfach. Zeitweise steuerte BMW dem Konkurs entgegen, und 1959 bot Mercedes die Übernahme an, die im letzten Moment verhindert werden konnte. Einige Jahre später, daran wagte damals aber niemand zu denken, beherrschten diese beiden Unternehmen den europäischen Markt für Luxus-Limousinen.

Die äußerste seltene R69, von der nur 1330 Exemplare gebaut wurden. Diese Version aus dem Jahr 1961 ist mit dem ebenso seltenen Seitenwagen 501 von Steib verbunden.

Mit einem leichten, von einem modifizierten Motorrad-Motor angetriebenen Wagen, steuerte die bayerische Marke den Aufschwung an. Der BMW 700 traf den Geschmack der Kundschaft, und endlich hatten die Münchner wieder einen Bestseller. Der Absatz von Motorrädern in den USA hatte sich weiter verbessert, und daher wurden im August 1960 vier neue Modelle auf dem Nürburgring vorgestellt.

Die R50 mit 494 ccm wurde nur wenig verändert und hieß nun R50/2. Die überarbeitete R60 (nun R60/2) leistete jetzt 30 PS. Die echten Veränderungen betrafen die Sportmodelle. Die R69 mit 594 ccm wurde durch zwei neue Modelle ersetzt. Die kleinere Maschine war die R50S mit einem hochdrehenden 494 ccm (68 × 68) großen Motor, der 35 PS bei 7650 Umdrehungen leistete. Für die Freunde eines größeren Hubraums gab es die R69S mit 594 ccm. Der Motor leistete nun statt 35 satte 42 PS bei 7000 Umdrehungen.

Um möglichst viel aus den hochdrehenden Motoren herauszuholen, hatten die beiden S-Modelle eng abgestufte Getriebe. Der Rahmen blieb unverändert. Die Modelle des Jahrgangs 1960 waren an den Blinkern am Ende der Lenkstange erkennbar. Die R69S wurde ein echter Bestseller, von dem mehr als 11000 innerhalb von neun Jahren verkauft wurden. Die etwas schmalbrüstige R50S verschwand jedoch bereits nach zwei Jahren und 1634 verkauften Exemplaren wieder aus dem Lieferprogramm.

Auf der sportlichen Seite übernahm MLG, BMW-Händler in London, die Initiative und setzte 1958 eine R69 beim 500-Meilen-Rennen für Serienmodelle in Thruxton ein. Das Motorrad belegte den dritten Platz. Ein Jahr später siegten Peter Darvill und John Lewis auf ihrer BMW. Den größten Erfolg erzielte das Team jedoch später im Jahr, als man bei 24-Stunden-Rennen in Barcelona den ersten Platz belegte. Das Rennen führte über den berüchtigt schweren Kurs im Montjuich-Park, wo 1992 die Olympischen Sommerspiele stattfanden. Es gab wohl kaum einen Kurs, der für die großen und schweren BMW-Modelle schlechter geeignet gewesen wäre, und dennoch besiegte man die favorisierte Konkurrenz.

Mit Werksunterstützung (das Motorrad war das ideale Gerät, um Modifikationen für die R69S zu testen) kehrte MLG 1960 auf die Rennstrecken zurück und gewann sowohl in Thruxton als auch in Barcelona. Dies zeigte allen Skeptikern, daß BMW-Motorräder nicht nur als Tourer leistungsfähig waren. Eine weitere denkwürdige Leistung gelang MLG 1961, als man in Monthléry bei Paris den 24-Stunden-Rekord mit einem Durchschnitt von 175 km/h über eine Distanz von 4195 Kilometern aufstellte. Die Piloten waren Sid Mizen, Ellis Boyce, George Catlin und John Holder. Ihr Rekord sollte 16 Jahre lang halten.

Diese sportlichen Leistungen untermauerten BMW's Ruf als Produzent von erstklassiger Technik und ließ den Verkauf der Hochleistungs-Motorräder in den USA und später auch in Europa ansteigen. Dies wiederum führte zu einer Zeit der technischen Stagnation. Warum sollte man etwas ändern, wenn alle Motorräder, die man bauen konnte, schon verkauft waren. Bis Mitte der sechziger Jahre war die einzige größere Neuerung eine Gabel mit besonders langem Federweg bei den für die USA bestimmten Modelle. 1967 vorgestellt, hießen sie R50US, R60US und R69US.

Hinter den Kulissen jedoch war das Unternehmen sehr geschäftig. Zum einen war die Automobilproduktion inzwischen so erfolgreich, daß die Autobauer dringend mehr Platz benötigten und die Hallen der Motorrad-Fertigung beanspruchten. Zum anderen sahen die Boxer im Vergleich zu japanischen und auch britischen Motorrädern ziemlich altbacken aus. 1969 lud BMW daher zu einer Pressekonferenz ein, um die Pläne für die siebziger Jahre zu erläutern.

Graham Crate mit seiner R69 samt Steib-Seitenwagen.

Oben:
Im Gegensatz zum Vorgängermodell hatte die R69 neben der automatischen auch eine handbediente Zündverstellung, die vor allem bei Gespannfahrern beliebt war.

Rechts:
R69 und Steib von oben.

Gegenüberliegende Seite:
Die Isetta mit weit ausladender Fronttür durfte nicht zu nahe bei anderen Autos geparkt werden, wenn man problemlos aus- oder wieder einsteigen wollte.

ENTRY
C 329
107 DYR

Eine noch heute benutzte R60/2, die
Mitte der sechziger Jahre gebaut wurde.

Diese 1965 gebaute R60/2 hat bis heute 160 000 Kilometer zurückgelegt.

BMW

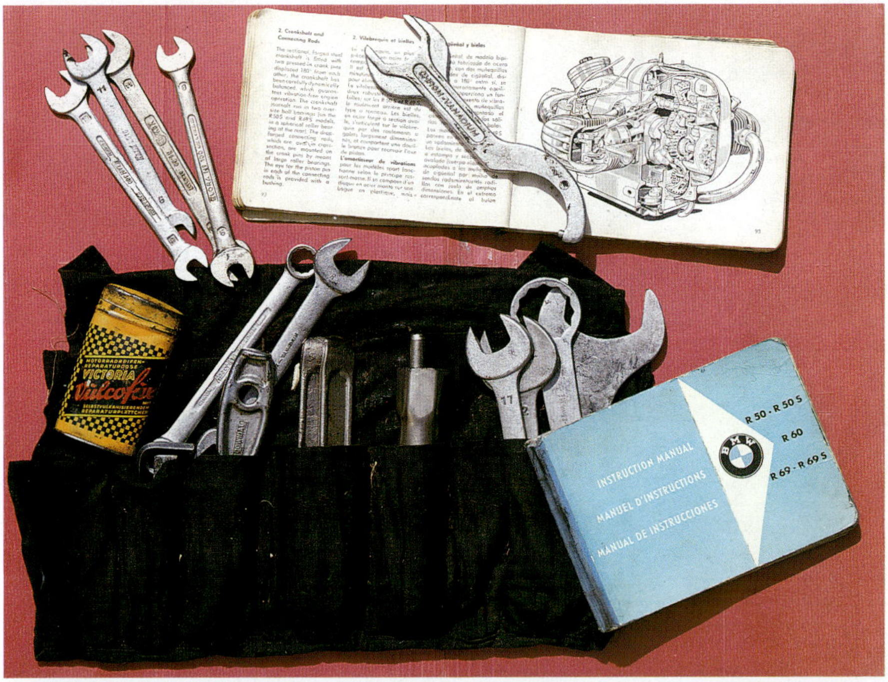

Gegenüberliegnde Seite:
Hinter einer Klappe im Tank war das Werkzeug untergebracht.

Links:
Von einem so kompletten Werkzeugset konnten die Besitzer anderer Maschinen nur träumen.

Unten:
Die R69S – der Bestseller – ließ sich äußerlich nur durch die geringere Anzahl an Kühlrippen, größere Vergaser und größeren Luftfilter vom R60-Tourer unterscheiden.

Oben:
Diese R69 stammt aus dem Jahre 1963.

Rechts:
Der Tachometer der R69S rät, bei 64 km/h in den zweiten, bei 96 km/h in den dritten und bei 136 km/h in den vierten Gang zu schalten. Bei der Touringversion lagen die Schaltpunkte bei 50,75 und 107 km/h.

Die Viertelliter-Modelle fuhren sich genauso gut wie die größeren Maschinen und hatten auch vielfach deren Bauteile.

Unten:
Pip Harris, einer der besten Gespannfahrer der sechziger Jahre, nahm auch oft mit seiner serienmäßigen R69S an Rennen teil. Das Bild entstand 1963.

Oben:
Bis 1964 gab es eine ganze Reihe von verschiedenen Sitzen. Die Auswahl reichte von der Doppelsitzbank bis zu den außerordentlich teuer zu ersetzenden, dafür aber ebenso bequemen Doppelsätteln, die noch heute von Kennern bevorzugt werden.

Links:
Eine amerikanische R27 in Florida.

Rechts:
Bruce Daniels unterwegs in Silverstone mit der Maschine, die 1960 das 24-Stunden-Rennen von Barcelona gewann.

17
17

Entwicklung einer gesunden Zukunft

Das Raumproblem wurde gelöst, indem man die in Berlin reichlich sprudelnden Subventionen anzapfte und eine neue Fabrik in Spandau baute. 1969 wurde die neue Produktionsstätte offiziell eröffnet und bei dieser Gelegenheit auch gleich drei neue Motorräder vorgestellt.

Die Neulinge waren sorgfältig gestylt worden und verbanden einen aggressiven „Macho-Look“ mit fließenden Linien. Der neue Rahmen war eine fast vollständige Kopie der berühmten Norton-Konstruktion, mit einem sauberen hinteren Abschluß und der neuen Gabel. Ein neuer Tank und nach oben weisende Schalldämpfer zusammen mit einer schlankeren Doppelsitzbank schlossen die kosmetischen Maßnahmen ab. Auch die Motoren waren gründlich überarbeitet worden. Die Ingenieure hatten Lehren aus der Automobilproduktion übernommen und die neuen Boxer mit Gleitlagern für Kurbelwelle und Pleuel ausgerüstet. Die 50 Jahre lang verwendeten Rollenlager hatten ausgedient. Ebenfalls aus der Autoproduktion stammte der austauschbare Ölfilter. Die Zylinder waren nun aus Aluminium gefertigt, mit Laufbuchsen aus Guß. Um die Herstellung zu vereinfachen, teilten sich die drei Hubraumgrößen ein gemeinsames Kurbelgehäuse samt Innereien. Die Unterschiede betrafen natürlich Bohrung, Kolben, Zylinderköpfe und Vergaser.

Das äußere Erkennungszeichen der neuen Motoren war ihre Größe. Sie füllten nun den Raum zwischen Zylindern und Tank vollständig aus, was vor allem die Stilisten erfreute. In diesem neu gewonnenen Raum wurden der elektrische Starter und der Luftfilter untergebracht. Die neuen Modelle kamen als Fünfer-Serie mit drei Hubraumgrößen auf den Markt: R50/5 mit 496 ccm (67 × 70,5 mm) und 32 PS bei 6400 Umdrehungen; R60/5 mit 599 ccm (73,5 × 70,6 mm) und 40 PS bei 6400 Umdrehungen; R75/5 mit 745 ccm (82 × 70,6 mm) mit 50 PS bei 6200 Umdrehungen. Die Höchstgeschwindigkeiten lagen nach Werksangaben bei 156 km/h, 166 km/h beziehungsweise 168 km/h.

Die neuen Motorräder waren ein großer Erfolg und wurden bis 1973 unverändert gebaut. In diesem Jahr kam die Sechser-Serie auf den Markt mit einer leicht verlängerten hinteren Schwinge und, wesentlich wichtiger, einem Fünfganggetriebe. Damals produzierten einige Konkurrenten stärkere Maschinen, was BMW veranlaßte, 1974 die R90/6 mit 60 PS und die sportliche R90S mit 67 PS auf den Markt zu bringen. Beide hatten einen Hubraum von 898 ccm. Die Bohrung blieb bei 70,6 mm – dafür vergrößerte sich der Hub auf 90 mm.

Rechte Seite:
Herbert Schek mit der 1970/71 für die Six Days vorbereiteten 740-Geländemaschine.

291
SHELL

Der legendäre Hans Fritzel auf der Werksmaschine bei den Six Days 1979 in Deutschland.

Beide Modelle hatten Fünfganggetriebe und vordere Scheibenbremsen, wobei die R90S doppelte Scheiben hatte, um der Höchstgeschwindigkeit von 192 km/h gewachsen zu sein. Die Gemischaufbereitung übernahmen 38mm-Dell'Orto-Vergaser und serienmäßig war eine kleine Verkleidung montiert. Die „gezähmte" R90/6 hatte eine niedrigere Verdichtung und kleinere Vergaser, leistete aber immerhin 60 PS. Zur gleichen Zeit verschwand die R50/6 mit 496 ccm aus dem Programm. Zum ersten Mal seit 1923 gab es keine Halbliter-Maschine mehr bei BMW. R60/6 und R75/6 bekamen nun auch vordere Scheibenbremsen, was bis dahin nur den Polizeimotorrädern vorbehalten war.

Im Herbst 1976 wurde die Siebener-Serie vorgestellt. Die beiden kleineren Modelle wurden nur kosmetisch überarbeitet, dafür wurde aber die Hubraumgröße des 898-ccm-Aggregats auf 980 ccm angehoben, indem die Bohrung von 90 auf 94 mm vergrößert wurde. So wurde die R90/6 von der R100/7 und die R90S von der R100S abge-

löst. Als Flaggschiff diente nun die R100RS mit 70 PS, die dank einer Vollverkleidung (die gab es zum ersten Mal ohne Aufpreis) eine Höchstgeschwindigkeit von 200 km/h erreichte und von Null auf 100 in weniger als fünf Sekunden beschleunigte. Die Modellreihe wurde noch durch die R80/7 mit 797 ccm (84,8 × 70,6 mm) vervollständigt. Ihr niedrig verdichteter Motor war für Länder mit schlechten Benzinqualitäten gedacht.

Diese neue Modellpalette war ein herausragender Erfolg, und 1977 produzierte die Berliner Fabrik die Rekordzahl von 31 515 Motorrädern. Aber nicht jeder Kunde verlangte nach einer 600er oder noch größeren Maschine. Die deutschen BMW-Händler forderten eine schwächer motorisierte Maschine der 27-PS-Versicherungsklasse. Um die Wünsche der Händler zu erfüllen, entwickelten die Techniker ein entsprechendes Modell, das im März 1978 vorgestellt wurde.

Der Motor basierte auf dem bereits vorhandenen Aggregat, dessen Hub von 70,6 auf 61,5 mm zurückgenommen wurde. Zusammen mit

Die neue und wesentlich leichtere R60/5 mit Trommelbremsen. Die Maschine wurde von den Six-Days-Modellen abgeleitet.

Folgende Seite:
Die R90-Tourer mit der gegen Aufpreis lieferbaren doppelten vorderen Scheibenbremse.

KRAUSER
900cc

BMW

einer Bohrung von 70 mm ergab das eine Hubraumgröße von 473 ccm. Für den deutschen Markt wurde die Leistung auf 27 PS begrenzt – auf die Exportmärkte (es wurde nie in die USA exportiert) rollte das Modell mit 35 PS.

Der Motor wurde in ein etwas leichteres Fahrwerk eingebaut und kam zusammen mit der R65 zu den Händlern. Die hatte im Prinzip den gleichen Kurzhuber, aber mit einer Bohrung von 82 mm, was den Hubraum auf 649 ccm anhob. 45, später 50 PS bei 7250 Umdrehungen standen zur Verfügung.

Die Modelle erwiesen sich als gute Alltags-Motorräder und wurden bis zu ihrem Produktionsende sieben Jahre später fast 60 000 mal verkauft. Ende 1978 stellte BMW eine Touring-Version der R100RS vor. Die R100RT hatte eine verfeinerte Verkleidung, die dem Fahrer eine aufrechtere Sitzhaltung als bisher erlaubte. Beide Modelle hatten die neuen geschmiedeten Aluminium-Räder der R100RS.

Im gleichen Jahr wurde die R100/7 durch die R100/T abgelöst, die sich hauptsächlich in der von 60 auf 65 PS angehobenen Leistung unterschied. Die R100S erhielt die gleiche Behandlung und stand nun mit 70 PS als R100CS im Katalog. Seitdem wurden die Boxer-Twins

Unten und rechts:
Ein Bild von einem Motorrad in orange-silbern schimmernder Farbe: R90S.

ständig verbessert, freilich ohne revolutionäre Neuerungen – bis Anfang 1993 die Ära der R 1100 RS begann.

Der letzte wirklich neue Boxer nach klassischer Manier war die R80G/S, die im September 1980 vorgestellt wurde. Das Modell basierte auf den für Langstrecken-Geländewettbewerbe wie die International Six Days entwickelten Maschinen. Die R80G/S war ein Motorrad mit aggressiver Optik für schnelles Fahren auf der Straße, aber hochbeinig genug, um auch schweres Gelände zu meistern. Die Maschine hatte größere Räder, einen hochgesetzten Auspuff mit in einem Rohr zusammengefaßten Schalldämpfern und eine hintere Einarm-Schwinge.

BMW hatte sich schon lange von der traditionellen schwarzen Lackierung mit weißen Linien verabschiedet, doch die R80G/S war die bis dahin farbigste Maschine mit weißem Tank und flammrotem Sitz. Ihre außerordentlichen Fähigkeiten bewies 1981 der Franzose Hubert

Folgende Seiten:
Helmut Dähne (hier an der Startlinie) und Hans-Otto Butenuth teilten sich diese R90S, um 1976 die Produktions-TT zu gewinnen.

Shell
45

Shell
Shell
SPORT
2
44
Shell
40
40

Oben und rechts:
BMW dominierte von der Mitte bis Ende der siebziger Jahre die amerikanische Produktions-Rennszene mit der R90S. Zu den erfolgreichen Fahrern gehörten Reg Pridmore und Ron Pierce, der auf den beiden Fotos einem Sieg in Laguna Seca entgegenfährt.

Auriol, der mit einer Werksmaschine die Rallye Paris-Dakar gewann und dieses Kunststück zwei Jahre später mit einer 1000-ccm-Maschine wiederholte.

Doch die BMW-Techniker hatten zu dieser Zeit schon erkannt, daß sie etwas mehr tun mußten, als die bewährten Boxer ständig weiterzuentwickeln, sollte die Marke eine Zukunft haben. Dafür war eine völlige Neuentwicklung notwendig, die alle technischen Neuerungen beinhalten mußte, die BMW zu einem erfolgreichen Hersteller von Luxus-Automobilen gemacht hatte. 1978 begann daher die Entwicklung der K-Serie.

BELL
97

1977 in Laguna Seca. Die ältere R90S (rechts) und die neue R100 (links) werden für ein Rennen vorbereitet.

In Goodwood wurden 1976 die neuen Modelle für den britischen Markt vorgestellt: die R100RS, R100/7 und R75/7 (von links).

Oben und rechts:
Eine R100RT aus dem Jahre 1979 mit dem gegen Aufpreis lieferbaren Einbausatz für Zusatzscheinwerfer.

Die in begrenzter Auflage lieferbare Motorsport-Lackierung paßte zur R100RS besser als die serienmäßige silberblaue Optik.

Oben und rechts:
1980 kam die R80RT mit geschmiedeten Aluminiumrädern auf den Markt.

Weltweit war die R80RT bei Polizisten beliebt. Die Polizeimaschinen hatten noch Speichenräder.

Die höher drehende R65 gehört zu den unterbewerteten BMW-Motorrädern.

Oben:
Eine Mono-Shock 80GS

Rechts:
Die BMW-Modelle mit 750 ccm, die 1979 an den International Six Days teilnahmen, lieferten viel Technik für die R65 und die späteren Enduro-Maschinen.

485
473

Oben und rechts:
Rot steht BMW-Motorrädern, wie diese 80GS beweist, besonders gut.

Gegenüberliegende Seite:
Die GS mit 1000 ccm fühlt sich auf der Straße wohler als im Gelände.

R
100
CS

R
100
GS
BMW

Links und vorangegangene Seite: *Die große R100GS war mehr eine Paris-Dakar-Designstudie. Der Ölkühler und die rahmenfeste Verkleidung waren allzu leicht zu beschädigen.*

B384
NPC
R 80RT

Links und oben:
Ähnlich, aber nicht gleich: Die R 80 RT und R 100 RT der neuen Generation hatten mit der „echten" RT nur die Verkleidung gemeinsam, ansonsten basierten sie auf der R 80 mit Monolever-Fahrwerk.

Folgende Seite:
Martin Wimmer auf seiner Krauser mit Vierventil-Zylinderkopf vor Dennis Noyce mit seiner Ducati beim Battle-of-the-Twin-Rennen 1984 in Daytona.

SPEEDWA
5
12
314

DAYTONA
BELL
DAYTONA USA

Unten:
Eine private Boxer mit 1000 ccm und Cantilever-Schwinge 1985 bei den 24 Stunden von Le Mans.

Rechts:
Bert Stuckert und Ward Rodgery mit ihren Boxern 1987 in Daytona.

Gegenüberliegende Seite:
Der ehemmalige TT-Sieger Hans-Otto Butenuth 1989 mit seiner BMW auf der Isle of Man.

BMW

Nostalgie pur: die 1992 vorgestellte R100R.

Selbst BMW-Boxer sind vor Geschmacksverirrungen ihrer Besitzer nicht geschützt.

Sieht so der Boxer des 21. Jahrhunderts aus?

BMW

Ein völlig neues Modell

Ein Rückgang bei den Verkäufen der traditionellen Boxer-Modelle in den späten siebziger Jahren bereitete den Verantwortlichen bei BMW große Sorgen. Die Situation war so dramatisch, daß am 1. Januar 1979 eine neue Unternehmensleitung eingesetzt wurde, die bereits sieben Wochen später die kleine Mannschaft, die unter Josef Fritzenwanger am neuen K-Modell arbeitete, auf 240 Mann aufstockte. Zu dieser Zeit stand das Layout des neuen Motors bereits fest: ein wassergekühlter Reihenvierzylinder mit zwei obenliegenden Nockenwellen und längs eingebauter Kurbelwelle.

Die Kraftübertragung sollte in bewährter BMW-Tradition über eine mit einem Fünfganggetriebe verbundene Trockenkupplung per Kardanwelle erfolgen. Dies war zwar zum Teil ein Bruch mit den alten Werten, machte jedoch gleich mehrfach Sinn. Zum einen war das Konzept ohne Vorbild, was in einem überfüllten Markt von Vorteil ist, und zum anderen machte es auch auf der technischen Seite Sinn. Das Motorrad hatte einen niedrigen Schwerpunkt, Zylinderkopf und Kurbelgehäsue weren leicht zugänglich und die neue Lösung paßte ideal zum Kardanantrieb.

Das Layout wurde als „Compact Drive System" (CDS) patentiert. Bis zur Vorstellung der fertigen Maschine wurden noch die letzten technischen Probleme ausgebügelt und das Design verfeinert, das, wie von der Marke gewöhnt, vor allem Langlebigkeit bieten sollte.

Vier Jahre später, im Oktober 1983, wurde die K100 in Südfrankreich der Presse vorgestellt – und die war sogleich von der neuen Maschine beeindruckt. Der Reihenvierzylinder hatte einen Hubraum von 987 ccm (67 × 70 mm) und leistete 80 PS bei 8000 Umdrehungen. Von Null auf 100 vergingen weniger als 4,5 Sekunden und die Höchstgeschwindigkeit lag bei 200 km/h.

Auf der Straße war der Vierzylinder eine Offenbarung. Der Entwurf von Martin Probst, der schon bei der Entwicklung des BMW-Formel-2-Motors eine wichtige Rolle gespielt hatte, schien endlose Kraftreserven zu haben. Wenn es überhaupt Kritik gab, dann an der Getriebe-Übersetzung.

Aber es gab keinerlei Diskussionen darüber, daß BMW sein Ziel erreicht, und ein völlig neues, leistungsstarkes, schnelles, elastisches und drehmomentstarkes Qualitäts-Motorrad entwickelt hatte. Noch vor dem Ende der Saison 1983 stand ein zweites Modell bei den Händlern – die Sportversion K100RS mit sportlicher Verkleidung und einer Höchstgeschwindigkeit von 212 km/h. Kurz darauf kam im Frühjahr

Links:
Die 1983 vorgestellte K100 mit Reihenvierzylinder und Benzineinspritzung.

Folgende Seite:
Die K100RS mit Verkleidung kam 1984.

AVON
8
PINEWAYS
CROYDON

1984 mit der K100RT die Luxusversion mit einer angenehmeren Sitzposition und Tourenverkleidung auf den Markt.

Die drei Modelle wurden vom selben Vierzylinder angetrieben und hatten den selben Rahmen mit hinterer Einarm-Schwinge sowie Brembo-Scheibenbremsen vorne und hinten. Nur die Verkleidungen und die Sitzpositionen unterschieden sich. Die drei Modelle waren ein unglaublicher Erfolg, was unter anderem auch daran lag, daß sich BMW zum ersten Mal bei der Preisgestaltung an der Konkurrenz orientierte. Trotz des schwierigen Marktes wurden in den ersten beiden Jahren 46 568 K-Modelle abgesetzt. Für BMW eine absolute Rekordzahl.

Gerüchte über eine Dreizylinder-Version hielten sich hartnäckig und wurden durch ein Erlkönig-Foto einer solchen Maschine erhärtet. Doch die Öffentlichkeit mußte bis September 1985 auf die K75 warten. Die Entwicklung der in Österreich vorgestellten Maschine hatte einige Probleme verursacht. Der Dreizylinder-Motor mußte vor allem von einer vibrationsarmen Arbeitsweise überzeugt werden. Im Prinzip stellte der neue Motor Dreiviertel der ursprünglichen K100-Einheit dar.

Hub und Bohrung blieben gleich, was einen Hubraum von 740 ccm und eine Leistung von 75 PS bei 8500 Umdrehungen ergab. Ausgleichswellen im Kurbelgehäuse sorgten für einen harmonischen Lauf, und nicht wenige Tester meinten, daß der neue Motor noch kultivierter lief als das Original. In Österreich wurde der Tourer K75C vorgestellt. Ihm folgten im Juni 1986 die sportliche K75S mit modifizierter Federung. Auf der IFMA in Köln stand die K75 als Einstiegsmodell und die kostspielige, in begrenzter Auslage produzierte K75SS mit Verkleidung und einer auffälligeren Lackierung.

Zur gleichen Zeit vervollständigte die K100LT die Modellpalette. Sie war ein Super Tourer, der vor allem auf den amerikanischen Markt zielte, und kam komplett mit hochgesetztem hinteren Sitz samt Rükkenlehne und Kassetten-Radio mit zwei Lautsprechern auf den Markt.

Eine wichtige Neuerung wurde 1987 vorgestellt. Als erstes Motorrad der Welt wurde die K100 mit ABS-Bremssystem angeboten, was Motorradfahrern wesentlich mehr Sicherheit bot.

Phil Lovett mit seiner serienmäßigen K100RS bei der TT für Produktionsmaschinen.

BMW

Nach dem Ende der am Markt nicht sehr erfolgreichen, avantgardistischen K 1 profitierte die normale K 100 von der weiterentwickelten Technik und bekam den stärkeren Vierventilmotor, erkenntlich am geänderten Ventildeckel. Durch Aufbohren wurde aus ihm der 1,1 Liter der K 1100 Reihe und mit einer neuen Kurbelwelle mit mehr Hub der noch heute gebaute 1,2 Liter Motor der K 1200 Reihe.

AN
AU 457
BMW

Oben:
Der Journalist Mac McDiarmid mit seiner serienmäßigen K100RS bei der Tourist Trophy 1986. Er startete in der Produktionsklasse.

Rechts:
Eine K100RS mit weißer BMW-Motorsport-Lackierung.

BMW

ABS

BMW

Vorangegangene Seite:
1992 wurde diese K100RS mit ABS ausgestattet.

Oben:
Die RS, zweifellos eines der besten Motorräder für alle Jahreszeiten.

Eine K100 mit Tourenverkleidung und ABS.

Für die BMW-Gemeinde war die grell lackierte K1 mit 16-Ventilmotor ein ganz gehöriger Schock. Bald nach ihrer Vorstellung wurde ihr Design etwas abgemildert.

Die ursprüngliche K1 konnte nicht mit Seitentaschen ausgerüstet worden. Aber, wo ein Wille ist, da findet sich auch ein Weg…

SAFETY STYLE
K1

Oben:
Eine von der K1 abgeleitete RS mit ABS und 16-Ventil-Technik.

Links:
Neben der knallroten Lackierung wurde für die K1 1991/92 auch diese Farbgebung angeboten.

Das Hossack-Wüdo K-Modell samt seiner ungewöhnlichen Gabelkonstruktion aus dem Jahre 1992.

Das Münch-Zweirad mit seinen Stützrädern wurde von einem BMW-Vierzylinder angetrieben.

Triton
POSSESSION
NRE
ACE
CAFE

BMW

Vorangegangene Seite:
Wozu manche Menschen doch fähig sind…

Oben:
Der neue und noch stärkere, 1992 vorgestellte LT-Tourer mit 1100 ccm.

Kosmetik für den Altmeister

Zum Modelljahr 1980, dem Geburtsjahr der Enduro R 80 G/S mit Einarmschwinge (Monolever), war der altehrwürdige Stoßstangen-Boxer gründlich überarbeitet worden. Augenfälligstes äußeres Merkmal war der Wegfall des aus dem selben Material wie das Motorgehäuse gegossenen Luftfilterkastens samt Trommelluftfilter, der durch einen Plattenfilter mit Kunststoffgehäuse ersetzt wurde. Dadurch wurde der Motor zwar etwas leiser, den guten Luftdurchsatz der alten Kombination erreichte das neue Ansaugsystem aber nicht. Unter der Schale kamen vor allem eine kontaktlose Kennfeldzündung, eine leichtere Kupplung und Schwungscheibe und dadurch eine um vier Kilogramm oder 60 Prozent reduzierte Schwungmasse zum Einsatz sowie ein neues Getrag-Getriebe, das sich butterweich schalten ließ und nicht mehr klackte. Schon bei den /7-Modellen war die Schenkelfeder als rein mechanischer Nockenwellen-Kettenspanner durch eine Schraubenfeder mit hydraulischer Dämpfung ersetzt worden. Gleichzeitig erstarkte die R 65 von 45 auf 50 PS, bei den 70-PS-1000ern wurde die Nenndrehzahl von 7250 auf 7000 Umdrehungen gesenkt und ab 1982 wurde die RT auch mit 800 cm³ angeboten. Die abgespeckte Schwungmasse bescherte dem Motor eine ungewohnt quirlige Leistungsentfaltung, die sich mitunter durch ein aufsteigendes Vorderrad dokumentierte, aber auch durch eine wesentlich stärkere Bremswirkung beim Gas Wegnehmen. In der 70-PS-Version erreichte der betagte ohv-Boxer seine technische Blüte mit bester Leistungsabgabe und Fahrleistungen seiner gesamten Bauzeit. Bei den späteren, angeblich auf Grund verschärfter Lärmvorschriften gedrosselten 60-PS-Motoren versuchte das Werk zwar, mit dem deutlichen Hinweis auf die erheblich gesunkene Drehzahl des maximalen Drehmoments einen durchzugsstärkeren Motor zu suggerieren. Praktische Vergleichstests zwischen 60- und 70-PS-Version widersprachen dem aber ebenso wie die Tatsachen, dass der „alte" Motor nicht nur in absoluten Zahlen ein höheres Drehmoment hatte, sondern seinem Nachfolger auch über den gesamten Drehzahlverlauf überlegen war.

Neben der Basis R 100 (mit 67 PS), der RS und der RT wurde die ehemalige „S" jetzt als „CS" (= Classic Sport) lanciert, bei der man wieder zu den von der R 90 S bekannten Drahtspeichenrädern zurückkehrte. 195 kg trocken, die das Werk versprach, stellten günstige Eckdaten in Aussicht. In der Praxis waren alle CS allerdings rund 230 kg schwer, zumal die Drahtspeichenräder schon nach kurzer Zeit im Rahmen der turnusmäßigen Inspektionen dann doch gegen die Gussräder der übrigen drei 1000er Typen getauscht wurden: Da BMW die Vorderradgabel nicht mehr selbst fertigte, sondern aus Kapazitätsgründen bei Fichtel&Sachs in Auftrag gab, wurden auch die veralteten ATE-Schwenksattelbremsen gegen moderne Brembo-Stopper getauscht. Dadurch aber wurde der Speichenwinkel zu spitz, so dass es vereinzelt zu Lockerungen und zu Problemen mit Rundlauf und Zentrierung kam. Doch auch mit den Gussrädern war die CS eindeutig die sportlichste der 1000er BMWs; mindestens echte 200 km/h Spitze und unter 4,5 Sekunden von Null auf 100 sind auch heute nicht von gestern.

1984 war dann vorläufig Schluss mit den 1000er Boxern, 800 cm³ markierten die Obergrenze bei den Zweizylindern. Der von BMW zwar nie bestätigte, aber auch nie dementierte Grund war der nach anfänglichen Achtungserfolgen eher zähe Verkauf der dreizylindrigen K 75 Modelle. Schon der 800 cm³-Boxer mit 50 PS war dem auf dem Papier wesentlich moderneren – und nominell 50 Prozent stärkeren – Drilling in Drehmoment und Durchzug überlegen, der 1000er dominierte den Vergleich, auch in Beschleunigung und Höchstgeschwindigkeit, noch deutlicher. Schon zwei Jahre später wurde dann das für jeden gestandenen Bayern übliche Maß wieder vollgemacht. Massive Kundenproteste, nicht zuletzt auch aus den USA, hatten diesen Schritt nachgerade erzwungen. Und er kam mit einem regelrechten Paukenschlag: Die legendäre R 100 RS wurde in früher undenkbaren, jugendlich-frischen Farben wieder aus der Versenkung geholt. Bei Licht betrachtet war aber nur die richtungweisende Vollverkleidung noch original RS. Der Rest war die 1984 vorgestellte, neue Monolever-R 80 mit 9,6 Millimeter größer gebohrten Zylindern und somit 979 cm³. Durch kleinere, engwinkligere Ventile, eine regelrecht zugestopfte Auspuffanlage und 32er statt 40er Bing-Gleichdruckvergaser hatte der Stoßstangenmotor mit nunmehr 60 PS fast 15 Prozent seiner Leistung verloren. Die dazu oft als Argumentationshilfe benutzten Geräuschvorschriften waren dabei, BMW-typisch vorauseilend, schon lange vor ihrem in Kraft treten übererfüllt worden. Trotz der aus Verbrauchersicht schwer nachvollziehbaren Drosselung war der Einlitermotor exzellent abgestimmt. Zahme Steuerzeiten hin, magere Höchstleistung her – in Vergleichstests legten die Bayern-Boxer regelmäßig Durchzugswerte hin, die selbst Piloten mehr als doppelt so starker Big Bikes zum Staunen brachten. BMW, die den angegrauten Zweizylinder mit Erscheinen der wassergekühlten Reihenmotoren eigentlich schon abgeschrieben hatten, schämten sich ihres antiquierten Altmeisters nicht mehr, nutzten statt dessen geschickt seine nach wie vor enorme Popularität und schoben schon 1987 weitere Modelle nach. Zu einem Trendsetter und Bestseller zugleich entwickelte sich dabei eine echte Neukonstruktion: die R 100 GS. Wahlweise auch als R 80 GS mit 50 PS zu haben, aber weitaus am häufigsten mit dem vollen Liter und 60 PS geordert. Im optisch zwar täuschend ähnlichen, aber komplett neuen und nun aus Ovalrohren bestehenden Rahmen fand eine Doppelgelenk-Einarmschwinge mit Momentabstützung (Paralever) Platz, die den bekannten und bei vielen Fahrern verhassten Kardanreaktionen endgültig den Garaus machte. Als Wegbereiter für die neue Klasse der Großenduros und als beliebtestes, weil zuverlässiges und anspruchsloses Fahrzeug für Fernreisende in aller Welt wurde die große GS zur Legende und zum Meilenstein in der Motorradgeschichte.

Und es kam noch ein drittes 1000er-Modell, ein scheinbar altbekanntes, wieder auf den Markt. Die R 100 RT, nach dem gleichen Muster wie die R 100 RS gestrickt, also auf der R 80 basierend und mit der wohlbekannten Vollverkleidung, komplettierte die Dreifaltigkeit der bayrischen „Maß"-Klasse. Von den 1978 präsentierten kleinen Boxern war nach der Produktionseinstellung der R 45 1985 nur noch der 650 cm³-Motor übriggeblieben: In der mit der R 80 identischen R 65 wurde er mit wahlweise 27 oder 48 PS bis 1993 eingebaut, in der nur in Deutschland und nur mit 27 PS erhältlichen R 65 GS mit dem Fahrgestell der alten R 80 G/S zwischen 1987 und 1992. Was fehlte, war eines der nach dem jahrelangen „Schalentier"-Kult plötzlich wieder so begehrten „Naked Bikes". BMW griff einmal mehr in den Baukasten und präsentierte 1991 die R 100 R (R = Roadster), eine geschickt modifizierte R 100 GS als Straßenmodell mit 18-Zoll-Vorderrad und K 100-Gabel. Eingefleischte BMW-Fans zucken bei dieser, schon vorher in den Einarmschwingen-Straßenboxern verbauten Gabel zusammen: Sie stammt, wie später auch die hinteren Federelemente, von Showa in Japan. Für ein europäisches Motorrad, noch dazu eins der gehobenen Preisklasse, ein Unding. Auch BMW selbst hüllte über dieses Detail stets den Mantel des Schweigens (wie im übrigen auch bei den neuen Boxern über die italienischen Gilardoni-Zylinder). Auch die R 100 R war ein Jahr später als 50 PS starke R 80 R zu bekommen. Als letztes „neues" Modell mit dem 1000er ohv-Motor erschien 1994, ursprünglich nur als limitiertes Sondermodell der Münchner BMW-Niederlassung geplant, die R 100 R Mystik mit flachem Lenker, Sportauspuff, Sportsitzbank, polierten oder verchromten Teilen und nahezu ausschließlich in vulkanrotmetallic lackiert. Die unerwartet große Resonanz auf dieses Modell sorgte dafür, dass BMW die Mystik ins offizielle Programm aufnahm und zeitweise sogar Lieferfristen aussprechen musste. Nach den mit Sonderlackierungen und -ausstattungen aufgewerteten „Classic"-Versionen der R 100 R, RT und GS markierte die R 80 GS Basic 1996 das Fanal der in ihren Grundzügen seit 27 Jahren nicht veränderten Baureihe. Unter dem eleganten Tank und dem Cockpit der Ur-G/S verbarg sich der nur in dieser Version blau lackierte Rahmen der R 100 GS samt Paralever-Schwinge und Marzocchi-Gabel. Auch die Basic, die den von den treuen Fans bis zum Schluss nicht wirklich geglaubten, aber dennoch unwiderruflichen Schlusspunkt unter das Kapitel ohv-Motoren setzte, hätte problemlos in weit größeren Stückzahlen verkauft werden können, als letztlich produziert wurden.

Unten:
Zweiter Aufguß: Die R 100 RT, die 1987 neu aufgelegt wurde. Basis war die R 80, die Verkleidung stammte von der „echten" RT.

BMW auf dem Weg ins 21. Jahrhundert

Feierliche Ansprachen und dezentes Sektglasgeklimper bilden den Rahmen für einen historischen Augenblick im BMW-Motorradwerk Berlin Spandau. Am 19. Dezember 1996 um 12 Uhr ist es soweit: Zum Leidwesen vieler Traditionalisten unter den BMW-Fahrern läuft der letzte „alte“ Boxer vom Band. Den schmerzlichen Abschied vom Zweiventilmotor hat BMW sich selbst und der Fan-Gemeinde jedoch versüßt. Sondermodelle mit dem betagten Motorkonzept, zuletzt die in der R 80 GS Basic, ließen sich ohne Mühe unters Zweiradvolk bringen.

Unten:
Drei Boxer-Generationen auf einem Bild: V.l.n.r. BMW R 32 von 1923, BMW R 80 GS Basic (letzter Zweiventil-Boxer) von 1996 und die aktuelle BMW R 1100 RT mit dem neuentwickelten Vierventil-Boxer-Triebwerk.

Die Montage der neuen Boxer-Typen in Berlin.

Dieser denkwürdige Tag war allerdings nur Etappe einer langfristigen Strategie, mit der die Weichen des BMW-Motorrad-Programms aufs 21. Jahrhundert gestellt wurden. Seinen Leistungszenit von 70 Pferdestärken hatte der alte 1000er Stoßstangen-Boxer bereits 1976 erreicht. Von da an sank die PS-Ausbeute wegen immer restriktiverer Lärm- und Abgasgrenzwerte auf 60 PS. Zwar wirkte sich der Leistungs-Aderlaß nicht nachhaltig auf das Konsumverhalten der klassischen BMW-Klientel aus, im Hinblick auf eine langfristige Modellentwicklung schien die Zeit zum Handeln jedoch überreif. Anfang 1993, pünktlich zum 70. Geburtstag des BMW-Motorrades, stellte sich die R 1100 RS erstmals dem Urteil der Fachjournalisten. Damit feierte der seit jeher als Synonym für BMW-Motorräder geltende Boxermotor seinen zweiten Frühling, in technischer Hinsicht stellt er gar eine Neugeburt dar: Bis auf das

70 Jahre alte Konzept, längsliegende Kurbelwelle und kardangetriebenes Hinterrad, vereint die 1100er modernen Triebwerksbau und futuristische Fahrwerkstechnik. Der Erfolg gibt den BMW-Planern recht: Trotz einiger Kinderkrankheiten im ersten Modelljahr lief im Juni '97 bereits das 100.000ste Motorrad der inzwischen auf fünf Modelle angewachsenen Boxer-Baureihe vom Fließband im Berliner Werk.
Anders als japanische Hersteller konnte BMW nie für jede erdenkliche Marktlücke ein neues Motorrad auf die Räder stellen, dennoch gelang es den Weiß-Blauen stets, mit aufsehenerregenden Highlights, wie der ersten im Windkanal entwickelten Vollverkleidung 1976 (R 100 RS) oder dem ersten ABS-System für Serienmotorräder 1988 (K 100), das auf dem Baukastenprinzip beruhende Modellprogramm in den Mittelpunkt des allgemeinen Interes-

Der letzte „alte" Boxer läuft vom Band. Mit der R 80 GS Basic schließt in Berlin Spandau das Kapitel der Zweiventil-Boxer.

BMW-Werker stehen auch hinter dem neuen Produkt, hier die R 1100 RT der jüngsten Generation.

ses zu rücken. Insofern ist die zweite Neuheit des Jahres 1993, die im November eingeführte F 650, für BMW-Verhältnisse in konstruktiver wie produktionstechnischer Hinsicht noch viel ungewöhnlicher. Zum einen, weil die F seit Einstellung der R 27 im Jahre 1966 der erste BMW-Single ist, zum anderen, weil sich BMW mit diesem Modell von unzeitgemäßen Dogmen gelöst hat: Es darf nun auch ein Kettenantrieb zum Hinterrad sein, sämtliche Bauteile stammen von Zulieferern, die nach BMW-Vorgaben produzieren, und das Ganze darf sogar fern der Heimat, in Italien, zusammengeschraubt werden. Lean production heißt das Zauberwort der Zeit, das Herstellern wie BMW ermöglicht, in Marktbereichen Präsenz zu zeigen, in denen sich sonst nur ausländische Anbieter wagen können, ohne eine finanzielles Debakel befürchten zu müssen.
Dabei steht das einzylindrige Funbike nicht allein für preiswerte Produktion, womit Einsteigern die Marke BMW schmackhaft gemacht wird, nein, auch die Konzeption – eine Mixtur aus Enduro und Straßenmotorrad – öffnet für BMW neue Märkte. Schmerzvolle Erfahrungen mit den vergleichsweise ungeliebten „kleinen Boxern" R 45/65 haben gezeigt, daß sich allein durch kleinere Hubräume und eine spärlichere Ausstattung keine entscheidenden Produktionseinsparungen erzielen lassen, und daß der klassische Boxer-Baukasten als Sparversion nicht den typischen Reiz ausübte.

Impressionen aus dem BMW-Werk in Berlin, Motorenmontage, Endmontage und Prüfstandslauf.

Seit 1969 entstehen die Motorräder der weiß-blauen Nobelmarke im BMW-Werk Berlin Spandau.

Der Erfolg des BMW-Funbikes F 650 war derart überwältigend (bis Ende '96 wurden über 30.000 Einheiten verkauft), daß man sich kaum scheute, der F 650 ein noch deutlicher auf Straßen- und Einsteigerbelange zugeschnittenes Modell zur Seite zu stellen. Mit der F 650 ST, die mit dem Modelljahr '97 auf den Markt kam, setzt BMW die von den Boxern bekannte Baukastenkonzeption auch auf den Einzylinder um: Mit identischem Motor und leicht modifiziertem, handlicheren Straßenfahrwerk fischt die ST verstärkt nach weiblicher Kundschaft und Einsteigern.
In die entgegengesetzte Richtung zielt das auf der IFMA '96 präsentierte neue Flaggschiff der BMW-Flotte. Zwanzig Jahre nach Vorstellung der zukunftsweisenden R 100 RS setzt nun der Reihenvierzylinder K 1200 RS technische Highlights. Mit Alu-Rahmen, Telelever-Vorderradführung und 6-Ganggetriebe bildet die RS den Grundstein für eine neue K-Reihe. Darüber hinaus überschreitet sie den bislang konservativ eng gestalteten Rahmen, den die Modellplaner dem Sport-Tourer-Programm bislang zugestanden. Mit bis zu 130 PS spricht die neue RS nicht nur Freunde drehmomentstraker Tourensportler an, sondern erreicht auch die Liebhaber PS-starker Autobahnflitzer.
Ganz auf der Linie, neue Käuferschichten anzusprechen, liegt auch die bislang jüngste Boxer-Kreation aus Bayern. Die R 1200 C markiert nicht nur einen technischen Meilenstein – mit 1170 cm³ besitzt sie den hubraumstärksten Serien-Boxer aller Zeiten – sondern spricht für BMW-Gepflogenheiten eine vollkommen neue Klientel an. Die Mischung aus Chopper-Optik mit praxisgerechter Sitzposition und drehmomentstarkem Motor zum Dahingleiten ohne Eile erfreut sich weltweit wachsender Beliebtheit.
Wie entschlossen die Bayern den Weg in die Zukunft marschieren, belegt jedoch nicht allein die Quantität der Neuerscheinungen seit '93. Auch der ständig steigende Druck aus der umweltpolitischen Front manifestiert sich in zukunftsorientierter Technik. So präsentiert sich das aktuelle BMW-Programm durchweg mit Katalysator-Technik. Die K- und R-Modelle dank Einspritzelektronik mit geregeltem, die Einzylinder mit ungeregeltem Kat. Man darf gespannt sein, was sich in nächster Zukunft tut. Als sicher gilt, daß '98 ein neuer Sportboxer ins Haus steht, leichter und leistungsfähiger als die aktuelle R 1100 RS. Zudem ist die Entwicklung einer Tourenversion mit dem K-1200-RS-Motor fast abgeschlossen, und von einer deutlich auf Geländebetrieb ausgerichteten F 650 ist auch die Rede.

Generationswechsel, der neue Boxer, R 1100 RS

Entwicklung

1984, ein Jahr nachdem BMW mit der K 100 das Reihenmotorkonzept präsentiert hatte, begannen die Fachabteilungen der Entwicklung mit grundsätzlichen Überlegungen zum neuen Boxer. Die Reduktion der Abgas- und Geräuschemissionen des ohv-Motors hatten zu Leistungseinbußen geführt. Den Handlungsbedarf bezüglich des Triebwerks nahm man zum Anlaß, über eine komplette Neuentwicklung nachzudenken. In dieser Phase ging die Planung

Als Vorlage zum Aufbau des ersten Designmodells diente Anfang 1986 dieses Tape im Maßstab 1:1.

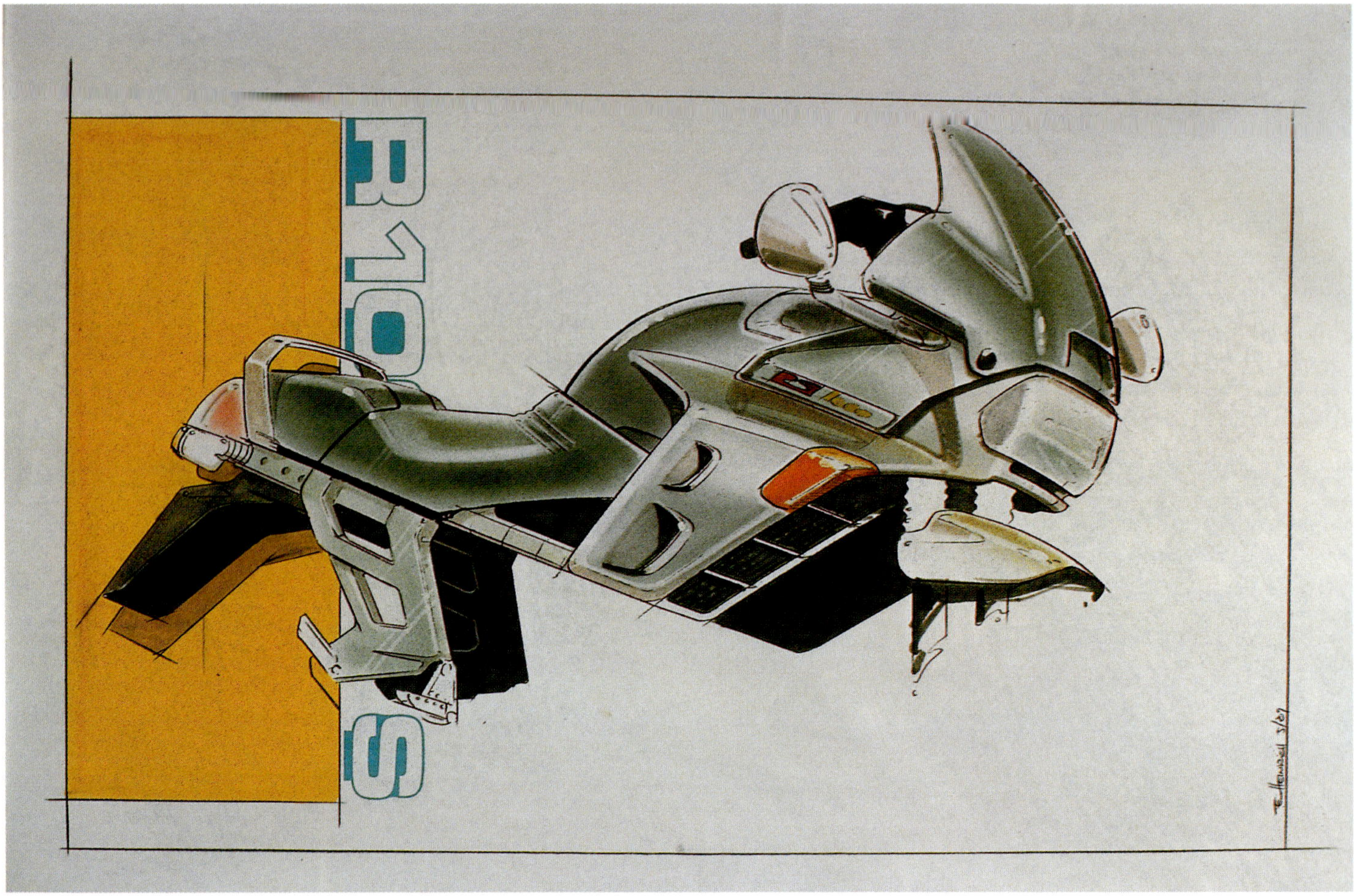

Eine von vielen Designskizzen zur Karosseriegestaltung. Der Entwurf stammt von 1989.

Eine mögliche Variante mit Vollverkleidung und Koffersystem zeigt dieser Entwurf von Anfang 1990.

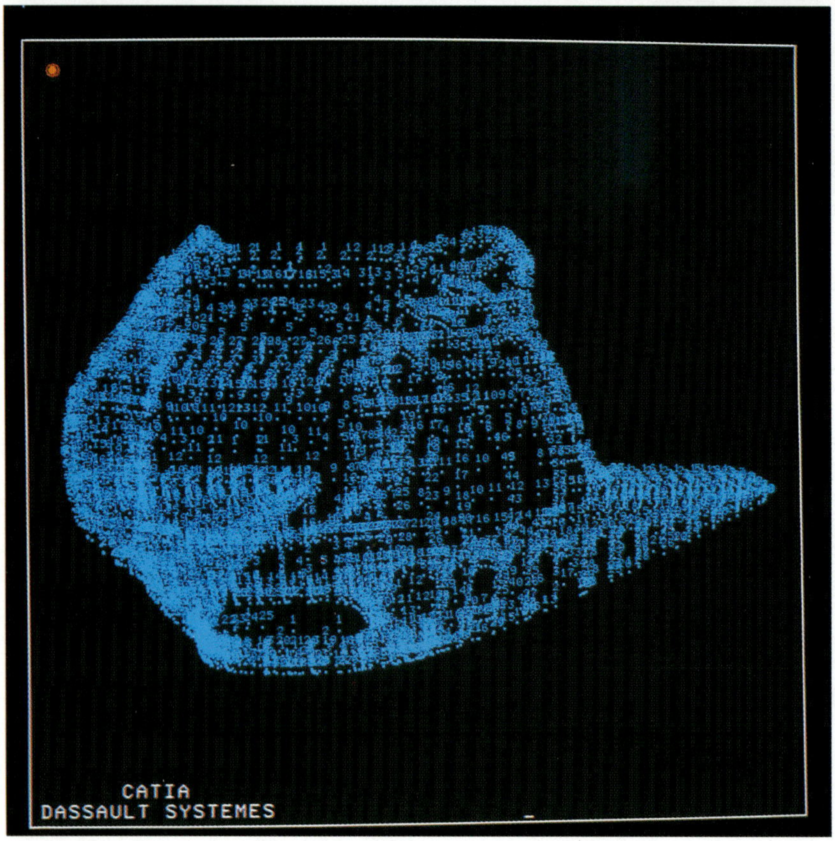

noch von 800 cm³ Hubraum aus, womit man den neuen Boxer als Mittelklassemodell unterhalb der neuen K-Reihe auf dem Markt positioniert hätte.

Grundsätzlich sollte die Triebwerksanordnung – Längseinbau und seitlich im Luftstrom liegende Zylinder – beibehalten werden. Mit dem Verzicht auf eine Flüssigkeitskühlung und den damit verbundenen Raumgewinn, erwuchs der Fahrwerkskonstruktion Freiraum. Ein neues, steiferes Motorgehäuse sollte die Verwendung eines herkömmlichen Rahmens erübrigen.

Für die gewünschte Leistungssteigerung waren Vierventilköpfe vorgesehen. Das Hauptproblem der alten ohv-Konstruktion bestand neben der mechanischen Geräuschentwicklung in mangelnder Drehzahlfestigkeit des Ventiltriebs. Allerdings schied eine übliche dohc-Steuerung aus, weil sich damit die Baubreite des Boxers weiter erhöht hätte.

Unter Leitung des damaligen Entwicklungschefs Stefan Pachernegg begannen die Fachabteilungen des „Boxer-Workshops“, Problemlösungen für einzelne Komponenten zu erarbeiten. Als weitaus arbeitsintensivstes Feld sollte sich die Suche nach einem geeigneten Ventiltrieb herausstellen. Die bis ’85 ausgearbeiteten Konzepte waren wegen hoher Produktionskosten und starker Geräuschentwicklung unvertretbar. Erst ’86 brachte der Vorschlag einer „kombinierten Steuerung“ des Motorenkonstrukteurs Georg Emmersberger den Durchbruch. Von einer unter der Kurbelwelle angeordneten Zwischenwelle führt je eine Rollenkette zu den Zylinderköpfen. Die Nockenwelle ist jeweils längs neben den Ventilpaaren angeordnet. Per Winkelübertragung mit kugelkopfgelagerten Stößelstangen werden die Ventile via Kipphebel betätigt. So konnten gegenüber einer dohc-Lösung vier Zentimeter Motorbaubreite gespart werden, was eine Schräglagenfreiheit von 49 Grad möglich macht. Zudem wäre eine dohc-Kostruktion mit Fahrtwindkühlung ther-

Oben:
Ausgangsbasis für das Plastilinmodell zum Aufbau des endgültigen Karosserie-Referenzmodells war Mitte 1990 dieses Fahrgestell mit Antriebsaggregat und Längslenker-Vordergabel.

Gegenüberliegende Seite oben:
Cockpit-Detail des Designkonzeptmodells vom April 1990.

Gegenüberliegende Seite unten:
Computerunterstütztes Konstruieren CAD: Hier ist die Bildschirmansicht aller Abtastpunkte zu sehen.

misch kaum beherrschbar gewesen. Versuche mit drei und fünf Ventilen pro Brennraum hatten sich schon im Vorfeld im Vergleich zum Vierventiler als weniger effektiv herausgestellt. Der effiziente Ladungswechsel mit hoher Füllung garantiert neben der gewünschten Drehmoment- und Leistungsausbeute auch eine gute Kraftstoffausnutzung.
1987 wurde unter der werksinternen Bezeichnung R 259 der Entwicklungsauftrag für den neuen Boxer erteilt – im Hinblick auf die veränderte Positionierung im Markt mit 1000 cm^3. Für den ersten fahrbaren Prototyp entstanden sieben Motoren, die zwar auf Anhieb 84 PS bei 7000/min leisteten, aber viel Detailarbeit erforderten. Die Boxer riegelten in Folge eines zu weichen Ventiltriebs schlagartig ab – die Stößel liefen nicht mehr formschlüssig auf den Nocken. Bauteilspezifische Versuchsanordnungen führten schließlich dazu, daß die Nockenwellen nicht direkt im Leichtmetall des Zylinderkopfes liefen. Zusammen mit den Kipphebellagerböcken wurden sie in einen Steuerungsträger zusammengefaßt, der separat auf den Zylinderkopf montiert wurde. Bezüglich Form und Materialwahl durchliefen auch die Kipphebel mehrere Entwicklungsstufen. Nicht anders verhielt es sich mit den Ventilstößeln, bevor ihre endgültige Auslegung – Stößelbecher aus Schalenhartguß an den Nocken und hochfeste Alustößel mit Stahlkugelköpfen zu den Kipphebeln – feststand. Auf den anfangs erprobten Tassenstößeln gruben sich die Gleitkipphebel zu schnell ein, und offene Tassen in Kombination mit Stößelstangen entpuppten sich als zu gewichtig.
Im Gegensatz zur Motorentwicklung konnte die Fahrwerksabteilung, was die Konzeption einer neuartigen Vorderradführung anbelangte, schnell Fortschritte aufzeigen. Resultat der Überlegungen aus der Vorentwicklung: Die herkömmliche Telegabel mit ihren Funktionen Radführung, Federung und Dämpfung, Lenkkraftübertragung sowie Bremsmomentabstützung ist eigentlich überfordert. Die deshalb stetig gewachsenen Standrohrdurchmesser ließen das Losbrechmoment der Gabeln anwachsen, ihr Ansprechverhalten jedoch sinken. Dennoch konnte das Flattern der Gabelrohre nicht eliminiert werden. Zudem blieben die Problematik des starken Bremstauchens und die damit verbundenen Geometrieveränderungen ungelöst.
Einer Neuauflage der bereits Mitte der 50er Jahre eingesetzten Langschwinge standen ihre hohen ungefederten Massen, träge Lenkung sowie ein unerwünschter hundertprozentiger Nickausgleich beim Bremsen entgegen.
Die entscheidende Anregung kam von Hugh Nicol aus England, der bereits 1981 die theoretische Ausarbeitung einer Vorderradführung an BMW geschickt hatte. Diese verband die übliche Telegabel mit einer Längslenkerabstützung zwischen Rahmen und Gabelbrücke. Unabhängig davon hatten Phil Todd und Nigel Hill '84 einen Prototyp auf Laverda-Basis verwirklicht, der die Ideen Nicols enthielt. Letzterer ließ BMW einen Fahrbericht zukommen, der die Entwicklungsingenieure veranlaßte, Nicols Überlegungen nochmals

Links oben:
Die Ausarbeitung sämtlicher Details erfordert Fingerspitzengefühl bei den Modelleuren.

Rechts oben:
Nach der Abnahme des Referenzmodells wird der Abtastvorgang für die CAD-Entwicklung des Urmodells durchgeführt.

Vorhergehende Seite:
Aus einer speziellen Knetmasse entsteht das Karosseriemodell im Modellierstudio, hier im nahezu endgültigen Stand.

zu überprüfen. Günter Baron aus der BMW-Prototypenabteilung, der an einem K-100-Versuchsträger ähnlicher Konzeption arbeitete, konnte so grundsätzliche Probleme aus dem Weg räumen.

Im Hinblick auf die Grundkonzeption eines luftgekühlten Boxers mit tragendem Motorgehäuse war der Durchbruch geschafft. Das System teilte die auf die Radführung wirkenden Kräfte auf, und ein erwünschter Nickausgleich ließ sich ebenfalls ohne Zusatzaufwand realisieren.

Computerberechnungen nach der Finite-Elemente-Methode sowie Fahrsimulationen, bei denen Bewegungsabläufe wie Kräfteverteilung am Bildschirm dargestellt werden, führten zu einer engen Schenkelführung des „A-Lenkers“ zwischen der unteren Gabelbrücke und dem Motor, der sich über ein Federbein am Rahmenvorderteil abstützt. Als Verbindungselemente fungieren Kugelgelenke zwischen Längslenker und unterer Gabelbrücke sowie zwischen oberer Gabelbrücke und Rahmenkopf.

Das erste Designmodell mit „A-Lenker-Gabel“ wurde im April 1986 der Geschäftsführung der Motorrad GmbH präsentiert. Grünes Licht – allerdings nur für das Technikkonzept – erteilten die Geschäftsführer der Motorrad GmbH sowie der BMW AG Ende Oktober 1988 nach Vorführung des seit Mai des selben Jahres im Versuch laufenden R-259-Prototyps. Weitere vier Modelle im Orginalmaßstab mußten entstehen, bevor auch die Design-Abteilung April '90 das Okay bekam. Im Gegensatz zu früheren Vorschlägen wurde die neuartige Vorderradführung nicht mehr hinter der Verkleidung versteckt, sondern als gestalterisches Element der Gesamtkonzeption übernommen. Dabei hatte die Design-Abteilung nicht nur die

Das sogenannte Cubing-Modell ist die maßhaltige Vorgabe für den Werkzeugbau. Im Gespräch: die Karosseriekonstrukteure Markus Poschner und Sven Bogdol.

Oben:
Anströmversuch im BMW-Windkanal; mit weißem Rauch aus einer Lanze werden von der Verkleidung verursachte Turbulenzen im Helmbereich sichtbar gemacht.

Gegenüberliegende Seite oben:
Die komplette Antriebseinheit Motor-Getriebe-Kardan wurde zu Schwingungsversuchen in diesem speziellen Gestell betrieben.

Gegenüberliegende Seite unten:
Ein Prototyp im Jahr 1988 mit einer K 100 RS-Verkleidung.

obligatorisch im BMW-Lastenheft stehenden Vorgaben wie gute Aerodynamik sowie Wind- und Wetterschutz zu realisieren. Hinzu kam, daß durch die ungewöhnliche Vorderradaufhängung und Rahmenkonstruktion sowie Nebenaggregate ein Polyamid-Kraftstoffbehälter geschaffen werden mußte, der sämtliche Bauteile umfaßt, um 23 Liter Volumen zu ermöglichen. Als Novum sollten Sitzhöhe und Lenkerstellung variabel gestaltet sein. Windkanalversuche und Tests in Südafrika machten außerdem am Bodywork Änderungen zugunsten der Kühlluftzufuhr erforderlich.

Im Frühjahr '89 hatte der Vorprototyp erste Dauererprobungen über 10.000 km erfolgreich abgeschlossen, und das Projekt ging vom experimentellen Versuchsbau in die erste Konstruktionphase über. Ein weitere Motor mit Sandgußgehäuse und verstärktem Ventiltrieb lief im Mai '89 auf dem Prüfstand. Im Gegensatz zum späteren Serienmotor saß die Lichtmaschine jedoch noch auf der Kurbelwelle. Durch die Entwicklung des ABS der zweiten Generation erhielt der Generator aber eine zusätzliche Regelelektronik, weshalb er aufs Gehäuse verpflanzt und mittels Poly-V-Riemen angetrieben werden mußte.

Trotz anfangs positiver Ergebnisse tauchten während der Dauererprobung im Fahrbetrieb unerwartete Probleme auf. Neben Leistungs- und Drehmomentmangel, hohem Geräuschpegel sowie starker Vibrationen waren Risse in den Motorengehäusen zu monieren.

Neue Motoren mit verstärkten Gehäusen entstanden im zweiten Halbjahr '90. Unter dem neuen Chef der Motorradentwicklung Dr. Burkhard Göschel waren jedoch noch weitreichendere Entscheidungen gefallen: Der Hubraum wurde zwecks Drehmomentgewinn nochmals erhöht, nun auf 1100 cm^3. Die Vorgabe der Spitzenleistung von 90 PS blieb unverändert, allerdings wurde die Vergaserentwicklung zugunsten einer Einspritzanlage, die angfangs nur als Alternati-

Unterschiedliche Verkleidungen sind das äußerliche Erkennungsmerkmal der verschiedenen Entwicklungsstufen bei den Prototypen. Von links nach rechts sind die Versionen aus den Jahren 1989, 1988 (K-100-Verkleidung) und 1990/91 zu sehen.

vausstattung gedacht war, aufgegeben. Gleichzeitig lief eine Fahrwerkserprobung über 30.000 Kilometer mit drei Maschinen durch Europa, wobei die neue Vorderradführung große Probleme aufwarf:
Die nur noch der Radführung dienende Telegabel klemmte stark, was sich auch durch Verwendung von teflonbeschichteten Gleitbuchsen nicht völlig abstellen ließ. Erst die extreme Verlängerung der Gleitrohre von 530 auf 620 Millimeter und der damit gewachsene Abstand zwischen den Buchsen verringerte das Losbrechmoment. Indes ließ das Ansprechverhalten der Gabel immer noch Wünsche offen. Als Abhilfe gegen das Lenkerschlagen stellte sich die Reduktion des Standrohrdurchmessers von 40 auf 35 Millimeter heraus. Im Gegensatz zur üblichen Telegabel, die ihre Stabilität über die Dimension der Standrohre erhält, erforderte die A-Lenker-Gabel Gleitrohre, die mittels ovaler Querschnitte den Biegemomenten angepaßt sind.
Umfangreiche Fahrtests galten auch den Stahlrohrstreben, die das Rahmenvorderteil aus Leichtmetallguß nach hinten zum Motor abstützen. Ihre Länge hat im Zusammenspiel mit der Kröpfung der oberen Gabelbrücke maßgeblichen Einfluß auf die Fahrwerksgeometrie. Der zu Beginn aus Leichtmetallguß bestehende Längslenker wich am Ende einer Version in Blechschalenbauweise, weil das Aluteil bei Crashversuchen zu wenig Verformungsenergie aufnahm und diese zum Motorgehäuse weitergab. Zudem mußte die optimale Anordnung des Federbeins gefunden werden. Größtmögliche Federungsprogression und feines Ansprechverhalten lauteten die Zielvorgaben, wobei der mechanische Nickausgleich beim Bremsvorgang auf 70 Prozent beschränkt wurde, um dem Fahrer genügend Feedback zu vermitteln. Die erst 1992 mit der Bezeichnung „Telelever“ versehene, äußerst

Gegenüberliegende Seite:
An diesem Prototyp von 1989 sind der Vergasermotor, eine frühe Version der Telelever-Vordergabel und die erstmals in einem Gehäuse zusammengefaßten Druckmodulatoren des neuen ABS II zu sehen.

Oben:
Modalanalyse des Fahrwerkskonzepts.

Unten:
Verschiedene Entwicklungsstadien des Längslenkers als gegossenes Aluminiumprofil oder verschweißte Schalenkonstruktion aus Aluminium.

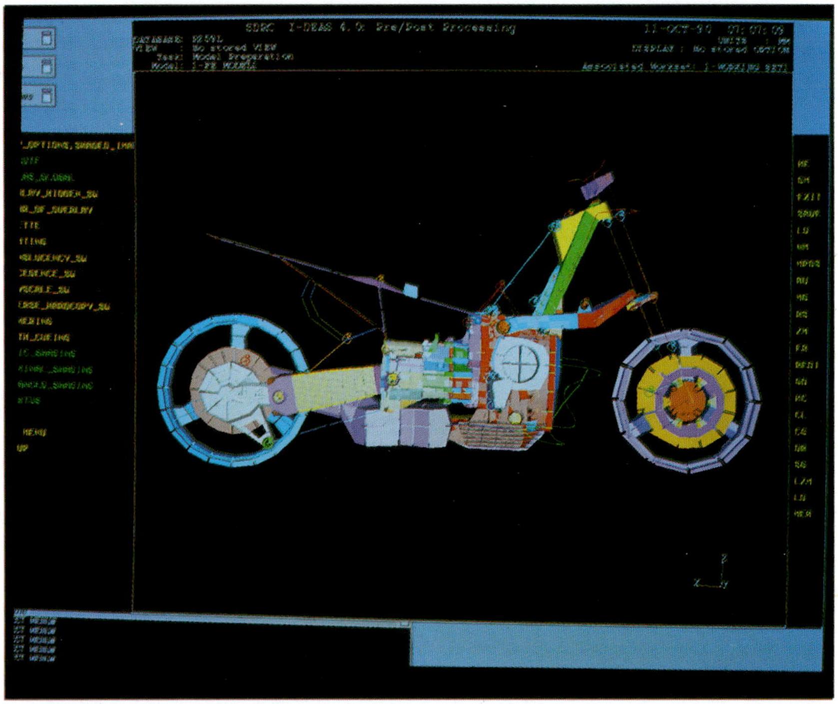

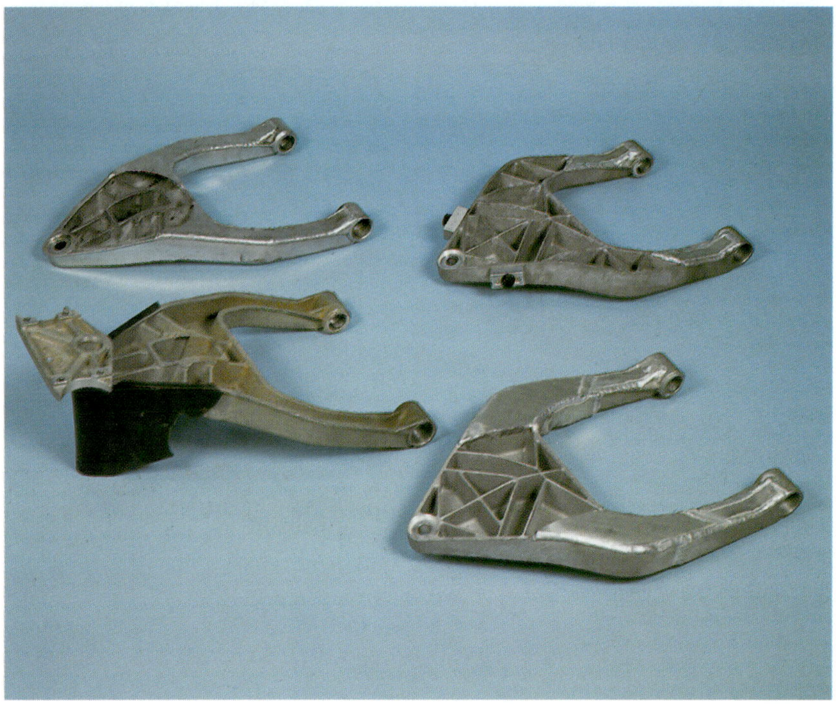

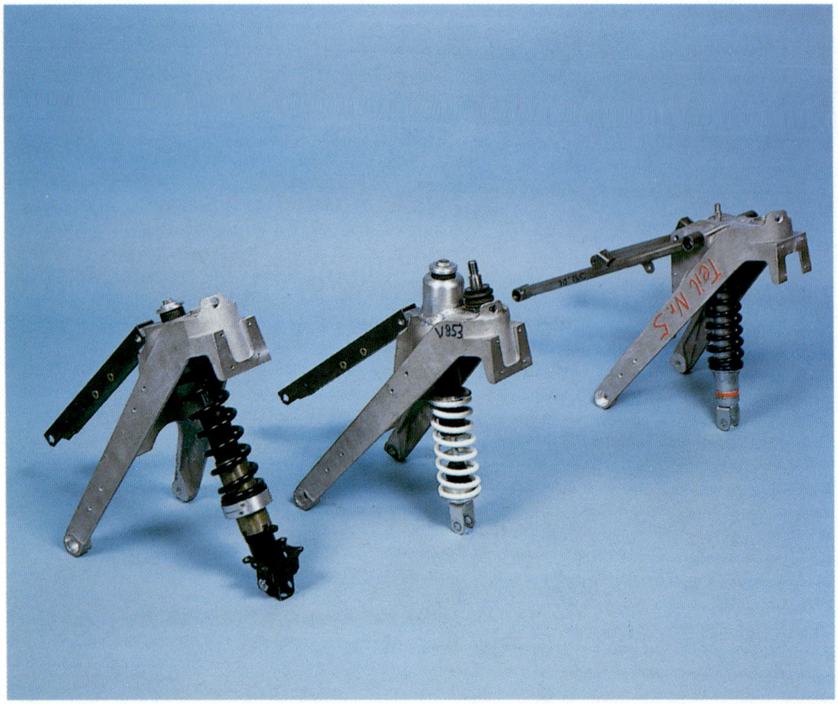

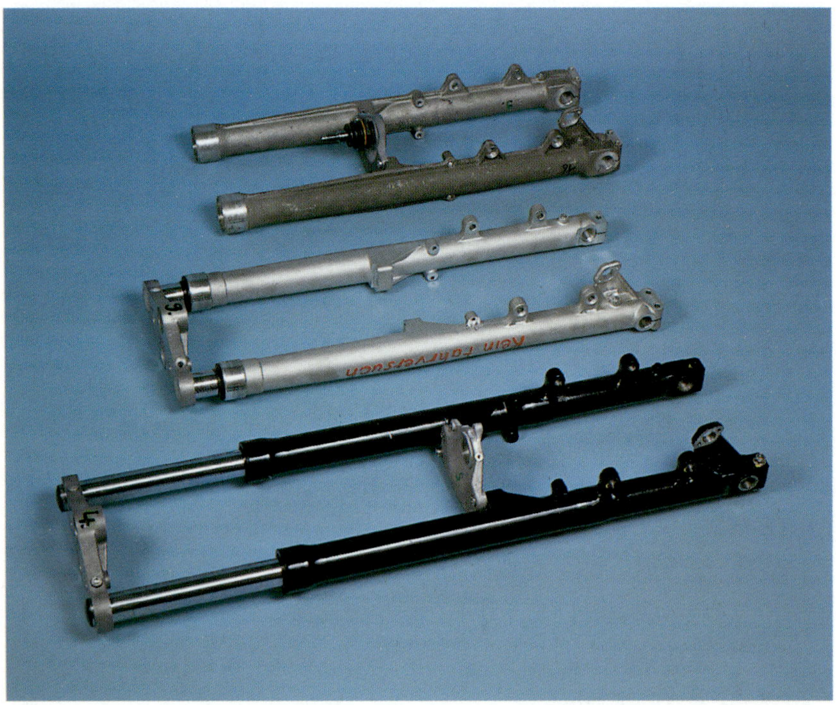

Links Oben:
Drei unterschiedliche Rahmenvorderteile mit der Federbeinaufnahme und Stützstreben, wie sie in verschiedenen Stadien der Fahrwerksentwicklung eingesetzt wurden.

Links unten:
Bei der Entwicklung der Teleskopgabel für den Telelever wurden sowohl unterschiedliche Gleitrohrlängen und Standrohrdurchmesser als auch unterschiedliche Versteifungen erprobt.

Gegenüberliegende Seite oben:
Die Ventilsteuerung des neuen BMW Boxers wurde vom Motorenkonstrukteur Georg Emmersberger (im Bild links) erdacht, der hier eine Detailmodifikation mit seinem Kollegen Heinz Hege bespricht.

Gegenüberliegende Seite unten:
BMW Motorraddesigner Wolfgang Seehaus entwarf das Design für das Antriebssystem. Der Motor auf diesem Bild ist komplett aus Holz gearbeitet.

stabile Radführung sollte sich im weiteren besonders positiv auf die Wirkungsweise des ABS der zweiten Generation auswirken.
Die Erkenntnisse bezüglich des Verschleißverhaltens aus den ersten Dauerversuchen führten auch zu umfangreichen Modifikationen der Hinterradaufhängung. Ausgehend vom bekannten Paralever (Doppelgelenk-Einarm-Schwinge) wanderte das Federbein in die Fahrzeuglängsachse hinter das Getriebe und stützt sich auf dem breiten Schwingen-Gußprofil zum Rahmenheck ab. Letzteres, anfangs aus Vierkantrohr gefertigt, wich einer leichteren und doch robusteren Konstruktion aus Rundrohr.
Als Lohn aller Mühen stellte sich eine weitere computergestützte Dauererprobung dreier Maschinen über 30.000 Kilometer, nun mit den 1100er Einspritzmotoren, Anfang 1991 heraus. Dank neuer Kurbelwellen waren die Vibrationen abgestellt, die verstärkten Kurbelgehäuse hielten. Der inzwischen drehzahlfeste Ventiltrieb, mit weiter verstärkten Kipphebeln und verbesserter Schmierung der Achsen zeigte sich auch verschleißfest.
Nach den Dauererprobungen erfolgte die Vorfreigabe des Projekts R 259 sowie Serienfreigaben für die Motorengußteile. Zur Absicherung schloß sich im Früjahr '92 erneut eine Dauererprobung über 50.000 Kilometer mit drei Maschinen an, die mit ABS und Katalysator ausgestattet waren. Dabei stammten fast alle Teile bereits aus Montageanlagen, die der späteren Serienfertigung entsprachen.
Mit dem Boxer-Generationswechsel beschritt BMW auch neue Wege bei der Entwicklung. Stammten die Prototypen früherer Neuentwicklungen aus dem Versuchsbau, bauten die Techniker und Ingenieure der R 259 ihre Motorräder selbst auf, um Erkenntnisse hinsichtlich der späteren Bandmontage sammeln zu können. Im Frühjahr '92 entstand im BMW-Forschungszentrum ein Pilotwerk der in Berlin geplanten Mon-

In der Abteilung Motorenversuch bauten erfahrene Monteure die zahlreichen Boxermotoren in den verschiedenen Entwicklungsstufen auf. Hier ist einer der ersten 1000-cm³-Motoren von 1988 zu sehen; der Generator befindet sich noch unter dem Stirndeckel.

BMW

Bei Temperaturen bis zu 800 Grad Celsius kommen die Auspuffkrümmer auf dem Motorenprüfstand ins Glühen.

In der Dauererprobung wurden mit dem neuen Boxer über 30.000 Kilometer auf den unterschiedlichsten Straßen in ganz Europa zurückgelegt. Im Bild eine Landstraße in Südfrankreich.

Sportliche Fahrer erprobten die Schräglagen- und Handlingqualitäten der R 1100 RS auf verschiedenen Rennstrecken.

Motorrad und Fahrer sind bei diesen ABS-Versuchsfahrten, die auch über eine Holperstrecke führten, mit Meßgeräten vollbepackt.

tageeinrichtungen, auf denen die Fahrzeuge für die abschließende Dauererprobung gebaut wurden, und deren Motoren bereits komplett aus Berlin kamen. Die für eine Felderprobung durch BMW-Mitarbeiter im Herbst '92 produzierten Vorserienmaschinen liefen bereits in Berlin vom Band. Und dort hatte sich auch etwas bezüglich der Arbeitsmethoden getan: Die Fertigung der neuen Boxertypen geschieht in fortschrittlicher Gruppenarbeit.
Obwohl einige Informationen über den neuen Boxer bereits im Vorfeld an die Presse durchgesickert waren, sollte die Resonanz auf die Technikinnovationen ganz im Sinne der BMW-Regie ablaufen. Dabei spielte natürlich die minutiöse Inszenierung der „Neue Boxer" eine maßgebliche Rolle: Auf der IFMA '92 durfte die gespannte Öffentlichkeit erstmals das Triebwerk in Augenschein nehmen.
Anfang '93, zum 70. Geburtsstag des ersten Boxers, wurde die Fachpresse zu Testfahrten mit der R 1100 RS geladen. Dabei hielt sich BMW an das traditionelle Muster, zunächst das Flaggschiff einer neuen Modellreihe, den Sporttourer, vorzustellen.

Motor

Auch wenn die geniale Idee des Max Friz als Konzept – längsliegender, luftgekühlter Boxer – fortlebt, hat doch das neue Triebwerk im Detail recht wenig

mit allem zuvor Dagewesenen zu tun. So nahm BMW von dem fertigungstechnisch heiklem im Kokillenguß-Verfahren hergestellten Tunnel-Motorgehäuse Abschied. Statt dessen kommen zwei vertikal geteilte Druckgußgehäuseteile zum Einsatz, die sich rationeller und kostengünstiger herstellen lassen. Die beiden Halbschalen, die unter Verwendung einer dauerelastischen Dichtmasse auf Silikonbasis zusammengeschraubt werden, integrieren die Ölwanne mit 4,5 Liter Volumen. Zahlreiche Versteifungen sorgen für die nötige Stabilität, um das Triebwerk als tragendes Gebilde ins Fahrwerk mit einbeziehen zu können. Den vorderen Abschluß des Motorgehäuses bildet ein Deckel aus Leichtmetall-Druckguß, unter dem sich die hochgelegte 700-Watt-Lichtmaschine verbirgt, die via Poly-V-Riemen von der Kurbelwelle angetrieben wird. Der leistungsstarke Generator ermöglicht die Verwendung einer für BMW-Verhältnisse kompakten 19-Ah-Batterie.
Neben dem Motorgehäuse gehören die Vierventilzylinderköpfe zu den wesentlichen Merkmalen des neuen Motors. Dank symmetrischer Anordnung der beiden 36,0 Millimeter großen Ein- und 31,0 Millimeter großen Auslaßventile findet eine zentral angeordnete Zündkerze mit drei Masseelektroden im firstförmigen Brennraum Platz, der seitliche Quetschkanten aufweist.
Die Betätigung der Ventile bedient sich des hc-(high camshaft) Prinzips, wobei die Nockenwellen nicht oberhalb der Ventile, sondern seitlich angeordnet sind: Sie werden von einer Nebenwelle mittels langer Rollenketten angetrieben, die unter der Kurbelwelle angeordnet und von dieser ebenfalls per Kette mit einem Untersetzungsverhältnis von 2 zu 1 angetrieben wird. Der Umweg über die Nebenwelle und die damit verbundene Untersetzung bringt den Vorteil, daß die Kettenräder

Für ein spezielles Meßmotorrad wurde eine Vielzahl von elektronischen Vorrichtungen und Aufzeichnungsmöglichkeiten zum Einsatz gebracht.

im Zylinderkopf kompakt ausfallen und damit Baubreite sparen. Die Stahlnockenwelle mit aufgepreßten Sinternocken lagert zusammen mit den beiden Kipphebelwellen je Zylinder in einem Leichtmetall-Steuerungsträger, der jeweils mit dem Zylinderkopf verschraubt ist. Die Nocken arbeiten gegen Tassenstößel, womit die Dreh- in eine Hubbewegung umgesetzt wird. Die Tassenstößel leiten über kurze Stößelstangen mit Kugelköpfen die Bewegung auf geschmiedete Gabelkipphebel. Letztere öffnen über gelenkige Gleitschuhe mit Einstellschrauben paarweise die mit jeweils 27 Kilogramm Federdruck beaufschlagten Ventile. Letztere zeichnen sich gegenüber dem alten Boxer durch größere Einstellintervalle (alle 10.000 statt 7500 km) aus. Die höheren Standzeiten von Ventilen und Sitzen ist zum einen auf leichtere Ventile zurückzuführen. Zum anderen sorgen Kühlölkanäle um die empfindlichen Auslaßsitzringe dafür, daß die bis zu 300 Grad heißen Stege zwischen den Auslaßventilen thermisch entlastet werden. Damit sich keine Verkokungen bilden können, sind die Kanäle so geformt, daß sie nach Abstellen des Motors mit Öl gefüllt bleiben.

Die gegossenen Leichtmetallzylinder mit feiner Verrippung weisen zwischen den Kühlrippen Stege auf, um Kühlrippenschwirren im Ansatz zu ersticken. Eine Nickel-Silizium-Beschichtung der Zylinderlaufbahnen minimiert Reibung wie Ölverbrauch, und sorgt so für hohe Laufleistung.

Trotz 99,0 Millimeter Durchmesser fallen die beiden jeweils mit zwei Kompressions- und einem Ölabstreifring versehenen Kolben, die das Kraftstoff-Luftgemisch auf 10,7 zu 1 verdichten, knapp ein Drittel leichter aus als beim alten Boxermotor. Die aus Leichtmetall gegossenen Slipperkolben, die nur noch an den Kippkanten kurze Hemden tragen und über zwei Rippen einen verkürzten Kolbenbolzen aufnehmen, versprechen dank geringer Massenkräfte Drehfreudigkeit wie Vibrationsarmut.

Aus gleichem Grund sind die Verbindungselemente zur Kurbelwelle, die Pleuel, aus Sinter-Schmiedestahl hergestellt. Gegenüber üblichen Stahlpleueln weisen sie eine präzisere Form und hochwertigere Oberflächengüte auf. Die hohe Fertigungsgenauigkeit erübrigt eine Nachbearbeitung und Einteilung in unterschiedliche Gewichtskategorien, der Massenausgleich durch die Kurbelwangen ist stets gleichbleibend hoch. Als Weltneuheit im Motorradmotorenbau hält bei der Verarbeitung der Pleuel die Crack-Technik Einzug. Üblicherweise wird das untere Pleuelauge, das den Hubzapfen der Kurbelwelle umschließt, zersägt. Im Falle der neuen Boxer-Pleuel werden diese an einer Sollstelle gebrochen. Die Bruchlinien bilden beim späteren Zusammenschrauben eine größere gemeinsame Oberfläche mit höherer Paßgenauigkeit als zersägte Pleuel. So entfällt kostenintensives Justieren mittels Paßschrauben

Die einteilige, vergütete Stahlkurbelwelle (70,5 Millimeter Hub) kommt weiterhin mit zwei Gleitlagern aus, wobei das hintere als doppeltes Bundlager ausgeführt ist, was zeitintensives Ausdistanzieren bei Montagearbeiten erspart.

Versuchsfahrten auf rutschiger Fahrbahn mit und ohne ABS (Motorrad links).

Ein neu programmiertes EPROM wird in das Steuergerät eingesetzt und verändert nun die Regelung des ABS-Systems.

Als Novum muß auch die aufwendige Ölversorgung des Triebwerks mit zwei Kreisläufen gelten. In einem eigenen Gehäuse sitzen vorn auf der Nebenwelle des Ventiltriebs zwei Eaton-Pumpen. Die vordere dient als Kühlöl-, die hintere als Schmierölpumpe. Die Kühlölpumpe, als Volumen- und nicht als Druckpumpe ausgelegt, soll möglichst viel Öl umwälzen. Dieser offene Kreislauf leitet das aus dem vorm Steuerkopf plazierten Ölkühler in den Ölvorrat zurücklaufende Öl über ein Verteilerrohr zu den Steigleitungen beider Zylinder, wo es zu den Kühlkanälen der Auslaßventile gelangt. Über Rücklaufbohrungen wird es wieder zum Gehäuse zurückgeführt.

Das von der Druckpumpe geförderte Schmieröl wird von einem unmittelbar dahinter gelagerten Ventil geregelt und durchströmt zunächst den Ölfilter. Danach gelangt es zur Verteilergalerie, in dessen Hauptölkanal der Öldruckschalter sitzt. Von hier aus erfolgt die Verteilung zu den Nebenwellenlagern und dem linken Zylinderkopf. Eine weitere Abzweigung versorgt die Kurbelwellenhauptlager. Von da aus führen Bohrungen zu den Pleuellagern. Der rechte Zylinderkopf wird über eine Zugankerbohrung aus dem Hauptölkanal, der zum hinteren Kurbelwellenlager führt, mit Öl versorgt. Die Schmierung der Zylinderköpfe erfolgt durch die hohlgebohrten Kipphebel und Nockenwellen, während die Tassenstößel eine Spritzölschmierung erhalten.

Im Hinblick auf die Umweltfreundlichkeit und geringen Ölverbrauch bekam die neue „R“ eine aufwendige Kurbelgehäuseentlüftung mit Ölabscheider

Auf dem BMW-Testgelände in Südfrankreich steht ein Hochgeschwindigkeits-Ovalkurs für entsprechende Versuchsfahrten zur Verfügung.

Stellvertretend für das gesamte R 259-Entwicklungsteam (von links): Wolfgang Dürheimer (Projektplaner), Klaus-Volker Gevert (Leiter Design- und Karosserieentwicklung), Markus Poschner (Modulleiter Karosserie), Dr. Burkhard Göschel (für die Entwicklung verantwortlicher Geschäftsführer), Jürgen Kurzhals (Modulleiter Elektrik und Elektronik), Christoph Schausberger (Modulleiter Antrieb), Richard Kramhöller (R 259-Projektleiter), Lothar Scheungraber (Modulleiter Fahrwerk).

spendiert. Gerade bei großen Einzelhubräumen bauen die hin- und hergehenden Kolben hohen Druck im Kurbelgehäuse auf. Zudem gelangen sogenannte Blowby-Gase (Verbrennungsgase, die an den Kolbenringen vorbei gepreßt werden) in die Kurbelkammer. Um nun den Ölnebel im Kurbelhaus vom Gas zu trennen, durchläuft die Mixtur zunächst ein im Gehäuse integriertes Labyrinth. Von da aus gelangt es in eine Zentrifuge, wo das schwerere Öl vom Gas getrennt und dem Ölvorrat wieder zugeführt wird. Die Gase werden jedoch in den Ansaugtrakt und so in den Verbrennungsprozeß eingebracht. Auf diese Weise wird auch verhindert, daß Öl aus der Entlüftung den Luftfilereinsatz verschmutzt.

R 1100 RS der ersten Serie im Tourentrimm mit Kofferset und Tankrucksack.

Gegen Aufpreis wird die R 1100 RS auch mit einer Vollverkleidung geliefert.

Gemischaufbereitung/Zündanlage

Die Entscheidung zugunsten einer elektronisch gesteuerten Einspritz-Zündanlage (Typ Motronic von Bosch), hatte nicht nur Umweltschutzgründe, wenn auch ein geregelter Abgaskatalysator als aufpreispflichtiges Extra angeboten wurde. Generell sind die Probleme der Gemischaufbereitung bei großvolumigen Zweizylindern mit einer Einspritzung leichter zu lösen. Große Vergaserquerschnitte für gute Spitzenleistung haben nur mäßige Kraftentfaltung im mittleren Drehzahlbereich zur Folge, während kleinere Vergaser für besseren Durchzug aber nur mittelprächtige Spitzenleistung taugen.

Die Frischluft saugt der R-259-Motor unterm Tank durch einen Schnorchel an. Sie erreicht einen Rohluftraum, von wo sie durch einen Papierfilter zu den Saugrohren gelangt. Deren Länge und Form sind nicht zuletzt für Spitzenleistung und Drehmomentverlauf verantwortlich. Um die Zufuhr bleifreien Superkraftstoffs kümmert sich eine im Kunststofftank installierte Elektropumpe, die den Sprit zu den elektromagnetischen Einspritzventilen in den Drosselklappenstutzen befördert, wobei ein Regler für konstanten Druck sorgt. Pro Kurbelwellenumdrehung wird der Kraftstoff gleichzeitig in beide Saugrohre eingespritzt.

Zur Ermittlung der exakten Einspritzdauer und Menge sowie des genauen Zeitpunkts, in dem die Zündungsendstufe mittels der Zündspulen einen Hochspannungsimpuls an die Zündkerzen weiterleitet, verarbeitet die zentrale Rechnereinheit der Motronic eine Vielzahl von Daten, die ihr Sensoren übermitteln. Zunächst werden aus den Eingangsvariablen des Drosselklappenpotentiometers (Drosselklappenstellung) und der anliegenden Motordrehzahl (zwei Hallschranken an der Kurbelwelle) Basiswerte für den Zündwinkel und die Einspritzdauer ermittelt. Eine Korrektur erfahren die Werte durch die Daten des Ansauglufttemperatursensors im Luftfilterkasten und der Öltemperatur am Ausgang des Kühlölkreislaufs. Zudem fließen die Meßwerte eines Luftdrucksensors in die Berechnung mit ein.

Beim Modell mit geregeltem Dreiwege-Katalysator wird diese Höhenkorrektur von der Lambdasonde übernommen. Sie sorgt in erster Linie durch Messung des Sauerstoffanteils im Abgas für die Einhaltung des stöchiometrischen Gleichgewichts durch die Einspritzanlage, Lambda 1 (Luft-Kraftstoffgemisch 14 zu 1), ohne das eine effiziente Abgasreinigung gar nicht möglich ist.

Da die Sonde eine hohe Betriebstemperatur benötigt, liegt sie vor dem Katalysator und ist mit einer 12-Watt-Heizung ausgestattet, um ihre Ansprechzeit zu verkürzen. Nach dem Start wird die Lambda-Regelung bis zum Erreichen ihrer Betriebstemperatur ausgeschaltet. Die Anfettung des Gemisch beim Kaltstart erfolgt durch manuelles Anstellen (Choke) der Drosselklappen.

Auch während abrupter Beschleunigungsmanöver wird die Lambda-Regelung ausgeschaltet. Der Rechner erkennt den Dreh am Gasgriff anhand der sich ändernden Drosselklappenstellung, deren Winkelgeschwindigkeit und stei-

Dank ausgewogenem Fahrverhalten fühlt sich die R 1100 RS auch bei der Landstraßenhatz sehr wohl.

Seit '94 gehört das Info-Display bei der RS zur Serienausstattung.

gender Drehzahl. Dabei reichern zusätzliche Einspritzvorgänge der Düsen zwischen den Normalimpulsen das Gemisch kurzzeitig an.
In umgekehrter Richtung erkennt der Rechner allerdings auch, ob über 2000 Touren die Drosselklappen geschlossen sind und aktiviert die Schubabschaltung, womit Kraftstoff gespart wird. Über 8000/min schaltet die Rechnereinheit ebenfalls die Einspritzimpulse ab, um ein Überdrehen des Motors zu verhindern. Fehlfunktionen einzelner Komponenten werden von einem Diagnose-Chip im Rechner gespeichert und im Rahmen der Wartung von einem Testgerät gelesen. Zudem besitzt die Rechnereinheit ein Notprogramm, das beim Ausfall bestimmter Komponenten einen eingeschränkten Betrieb ermöglicht. Der wiederverwertbare Katalysator sitzt im Sammlerstück der komplett aus Edelstahl gefertigten 2-in-1-Auspuffanlage, vor dem Endschalldämpfer mit 10 Liter Volumen. Als Trägermaterial dient Metall, es nimmt Wärme leichter auf und verkürzt so die Anspringzeit des Kats. Auf dem Trägermetall sind die Edelmetalle Platin, Palladium und Rhodium aufgebracht. So können während der Oxidation Kohlenmonoxide in Kohlendioxid

Zum Ergonomie-Paket der R 1100 RS (seit '94 Serie) gehören eine einstellbare Verkleidungsscheibe, höhenvariable Sitzbank und einstellbare Lenkerstummel.

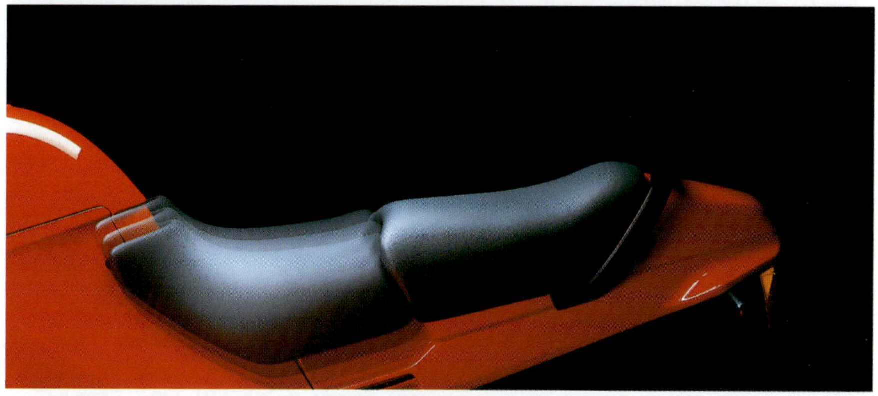

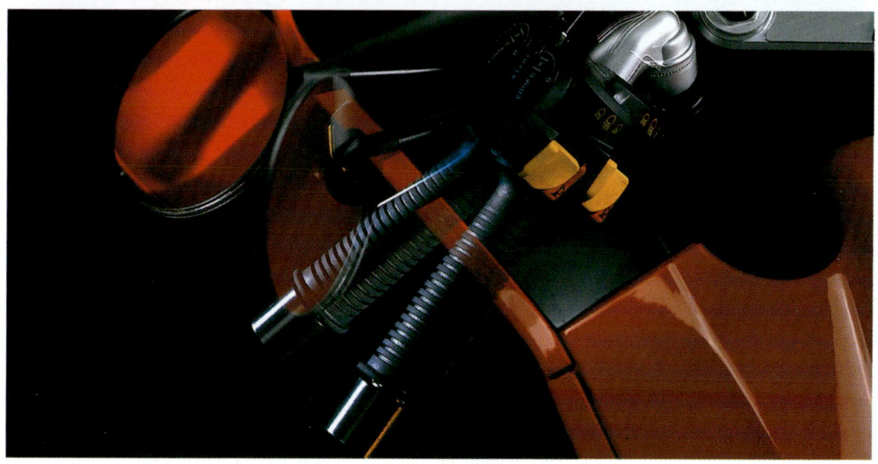

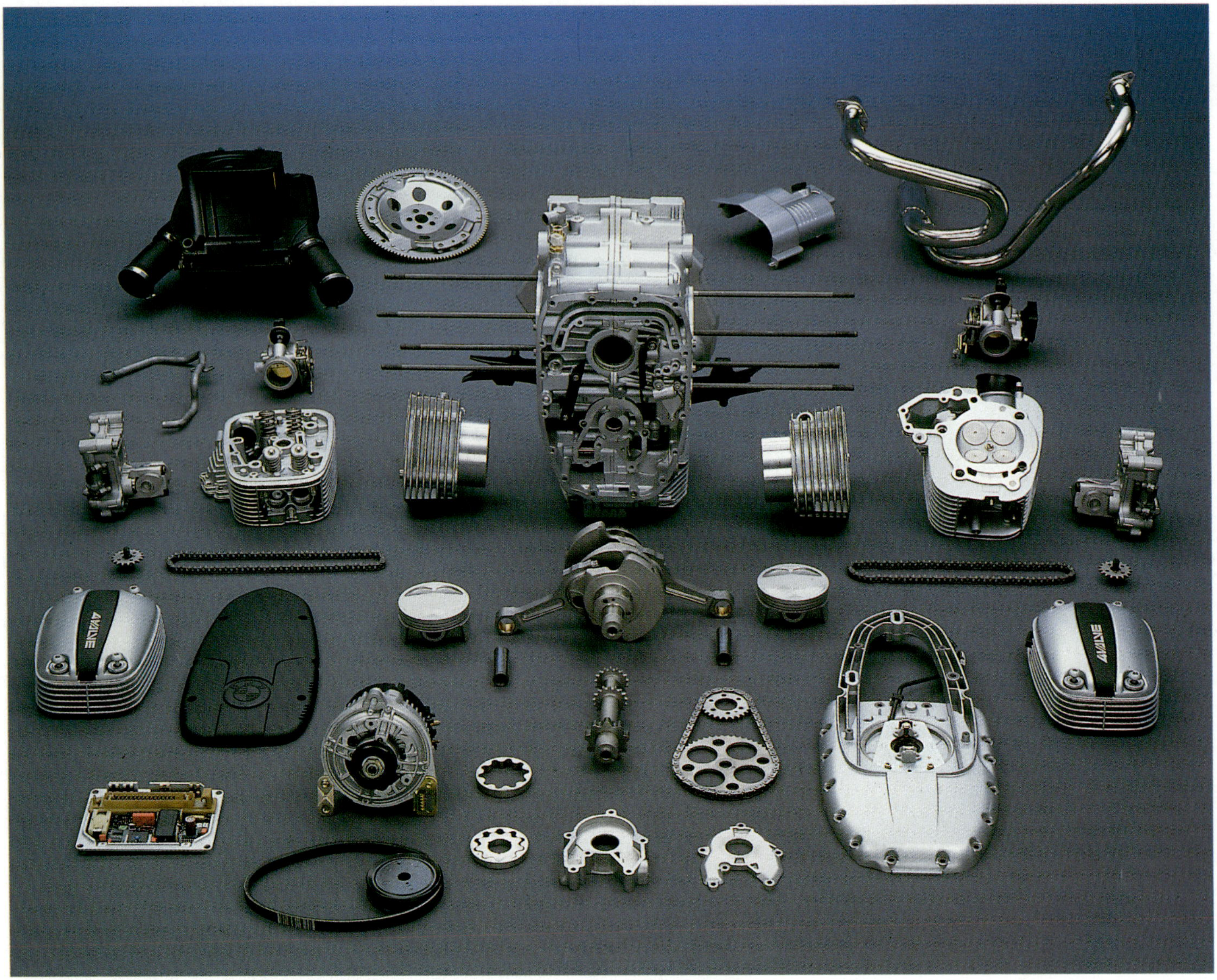

Die Innereien des neuen Boxers auf dem Präsentierteller

und Kohlenwasserstoffe in Kohlendioxid und Wasser umgewandelt werden. Stickoxide werden durch Reduktion zu Stickstoff und Kohlendioxid. Ob mit oder ohne Kat, der Motor glänzt mit Boxer-Rekorddaten: Aus exakt 1085 Kubikzentimetern Hubraum stemmt der 10,7 zu 1 verdichtende Zweizylinder gestandene 95 Nm bei 5500 Touren auf die Kurbelwelle und erreicht bei 7250/min eine Spitzenleistung von 90 PS.

Getriebe/Kardan

Nach bekanntem BMW-Schema erfolgt der Antrieb der R 1100 RS: Auf dem hinteren Kurbelwellenstumpf sitzt die Einscheibentrockenkupplung mit Schwungrad und Anlasserzahnkranz. Daran schließt sich in einem separaten Gehäuse das von den K-Modellen abgeleitete, klauengeschaltete Dreiwellen-Fünfganggetriebe an, das einen Torsionsfedermechanismus zur Dämpfung von Kraftspitzen aufweist. Die Kraftübertragung zum Tellerradgehäuse (Übersetzungsverhältnis 2,81:1) des Hinterrades erfolgt mittels einer im Schwingenholm laufenden Doppelgelenkwelle.

Fahrwerk

Gemeinhin gliedern sich Motorradfahrwerke in die klassischen Elemente Rahmen, Vorder- und Hinterradführung; nicht so das der R 1100 RS. Vielmehr schlägt BMW ein neues Kapitel des Fahrwerkbaus auf. Dem Faktum, daß das Triebwerk eines Motorrades das verwindungssteifste Bauteil ist, wird in einer im Großserienbau bisher unbekannten Form Rechnung getragen. Unter Verzicht auf einen üblichen Rahmen bildet der mit angeschraubten Hilfskonstruktionen versehene Motorblock den Dreh- und Angelpunkt für Vorder- und Hinterradführung. Ein vorn am Motor fixiertes Aluminium-Kokillengußteil, das sich

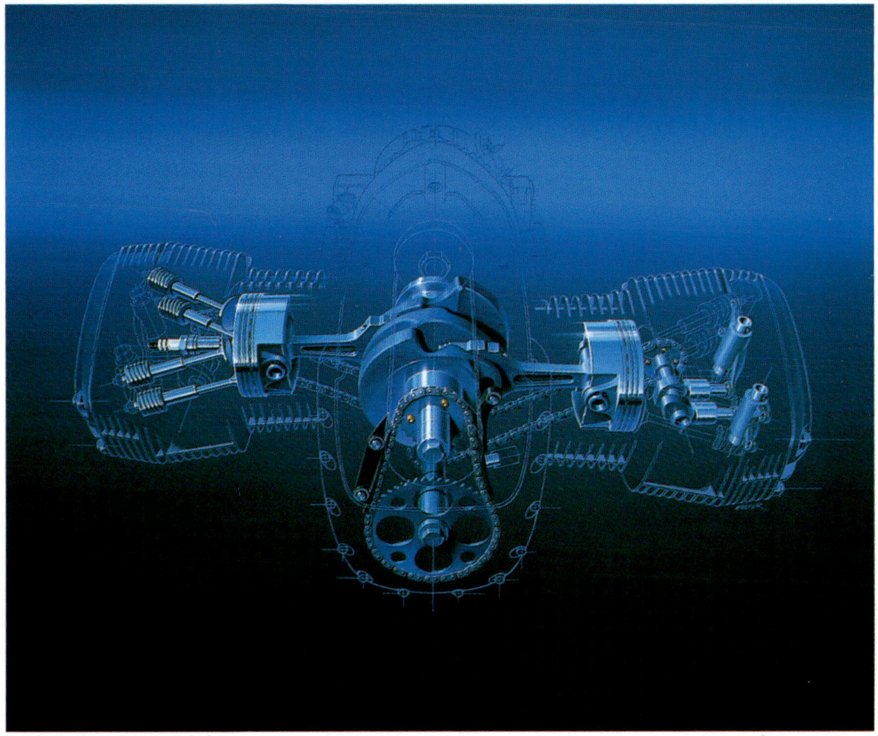

Am „gläsernen" Boxer lassen sich gut die Kettentriebe der Ventilsteuerung sehen: An der Stirnseite treibt eine Kette die unter der Kurbelwelle angeordnete Zwischenwelle an. An deren hinterem Stumpf führen die Steuerketten zu den hochgelegten Nockenwellen.

über zwei Stahlrohrstreben nach hinten am Motor abstützt, hat die Funktion des Steuerkopfes. Im Zusammenspiel mit der neuen Vorderradführung müssen hier nur Kräfte und keine Momente abgefangen werden. Der Hinterrahmen besteht aus einer filigranen Stahlrohrkonstruktion, die am Motor- und Getriebegehäuse verschraubt ist. Eine Querstrebe zwischen den Oberzügen bildet die obere Aufnahme des zentralen Federbeins der Hinterradführung, im übrigen trägt er nur das Gewicht der Passagiere und deren Gepäck.

Doch während sich die Revolution im Rahmenbau den Blicken des Betrachters unter Verkleidungsteilen entzieht, springt das zweite ungewöhnliche Novum, die als Telelever bezeichnete Vorderradführung, geradezu ins Auge. Technisch gesehen handelt es sich dabei um die Kombination von herkömmlicher Telegabel und geschobener Vorderrad-Schwinge. Die Gabel, weder mit Federn noch Dämpferelementen ausgestattet, besitzt zwecks großer Überlappung auf 620 Millimeter verlängerte Tauchrohre, die, bauartspezifischen Biegemomenten angepaßt, ovale Querschnitte haben. Ein wenig Schmieröl in der Gabel sorgt dafür, daß die nur 35 Millimeter starken Standrohre mit ihren teflonbeschichteten Gleitbuchsen ein geringes Losbrechmoment an den Tag legen.

Mittels eines großdimensionierten Kugelgelenks lagert die Gabel mit ihrer oberen Brücke auf dem Alugußstück des vorderen Hilfsrahmens. Über ein zweites Kugelgelenk auf der Tauchrohrbrücke stützt sich die Gabel mit einem Längslenker aus Blechformteilen ab, der beiderseits des Motors vertikal drehbar lagert. Zwischen dem Längslenker und der vorderen Rahmenhilfskonstruktion ist ein (nicht einstellbares) Zentralfederbein (Showa, Japan) angelenkt. Die Gabel hat also keine Federungsaufgaben, sondern dient nur als Radführung und Lenkkraftübertragung, während der größte Teil des Bremsmoments über den Längslenker ins Motorgehäuse geleitet wird. Da Längslenker wie Federbein nah am Drehpunkt des Dreieckslenkers angeordnet sind, fallen die ungefederten Massen gegenüber der herkömmlichen Teleskopgabel nur geringfügig größer aus. Und auch der Einschlagwinkel des Telelevers von jeweils 32 Grad wirft keine Probleme auf.

Dank der Schwingen-Kinematik ergeben sich an der Radachse 120 Millimeter Federweg. Zudem wirkt das Telelever beim Bremsen wie ein mechanisches Anti-Dive (Bremsmomentabstützung am Motor) mit einem Nickausgleich von 70 Prozent und bewirkt eine 20prozentige Federprogression. Im Gegensatz zur üblichen Telegabel, bei der sich der Radstand beim Einfedern verringert, sorgt das Telelever für mehr Stabilität, weil Radstand wie Vorderradnachlauf (Basislage R 1100 RS, 111 Millimeter) zunehmen und beim Ausfedern nur wenig abnehmen.

Da durch die Hebelwirkung des Telelevers der Platzbedarf beim Federn geringer ist, ergibt sich ein geringerer Platzbedarf zwischen Vorderrad und Motor, was sich positiv auf die Radlastverteilung niederschlägt. Der neue Boxer liegt

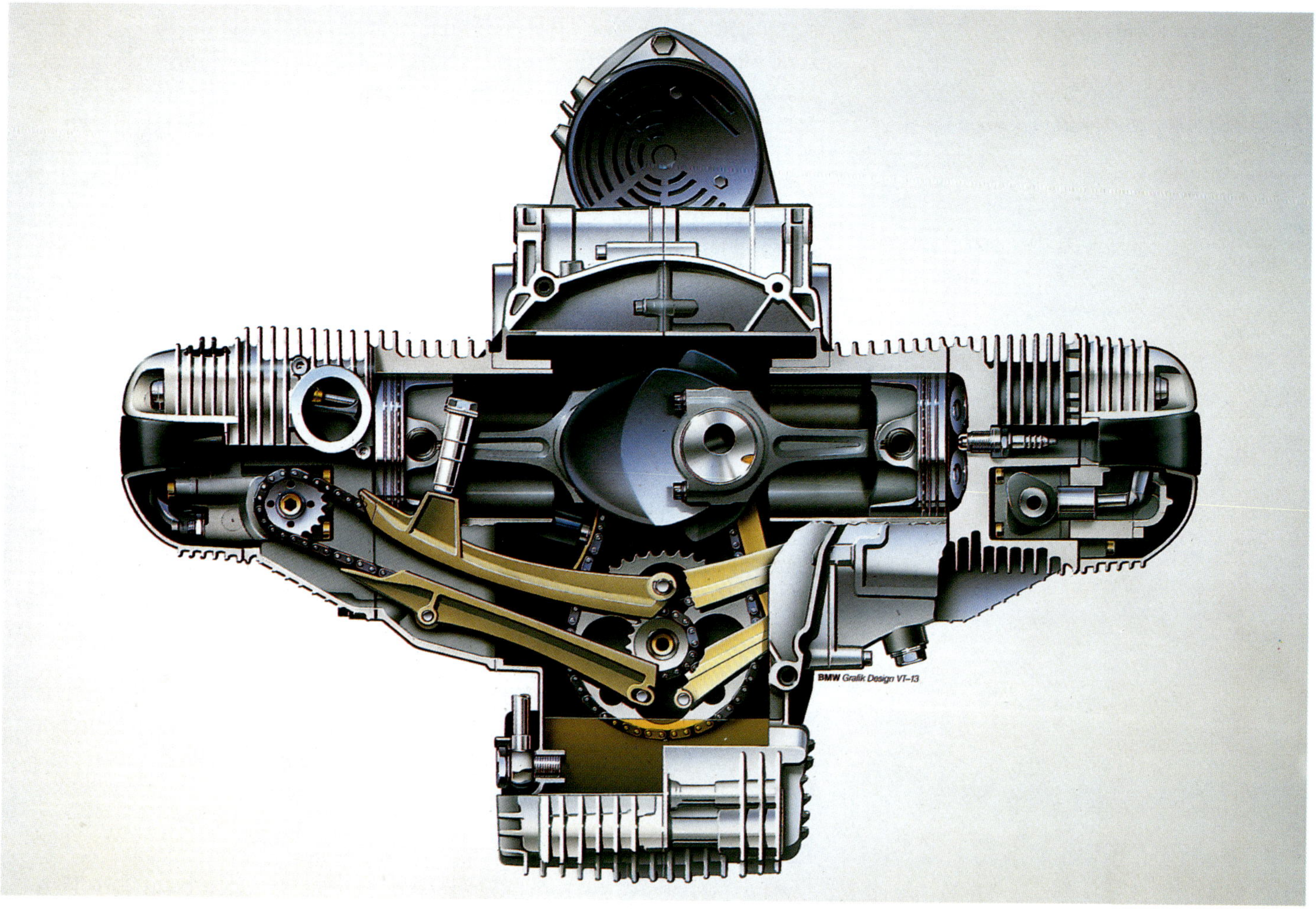

Die Innenansicht des neuen Boxers, von der Rückseite gesehen, zeigt die langen Führungsschienen für die Nockenwellen-Steuerketten.

Gegenüberliegende Seite:
Hier ist deutlich die Winkelübertragung via kugelkopfgelagerter Stößelstangen auf die per Kipphebel betätigten Ventile zu sehen.

so nah an der Vorderradführung, daß sich eine für den sportlichen Fahrbetrieb günstige Verteilung von 52,7 Prozent zugunsten der Frontlast ergibt. Schon seit '87 hat sich die als Paralever bezeichnete Hinterradschwinge bewährt. Dahinter verbirgt sich eine einarmige Doppelgelenkschwinge aus Aluminium, in deren Holm geschützt die Kardanwelle läuft. Die vorderen Kegelrollen-Schwingenlager sitzen im Getriebegehäuse. Zwei weitere Kegelrollenlager befinden sich zwischen Schwingenholm und Antriebsgehäuse. Das so schwenkbar gelagerte Tellerradgehäuse stützt sich wiederum mittels einer an beiden Enden drehbar fixierten, parallel unter dem Schwingenholm verlaufenden Profilblechstrebe (Antriebsmomentabstützung) am Getriebegehäuse ab. Sinn und Zweck des Parallelogramms, das in technischer Sicht den Radius der Raderhebungskurve vergrößert, besteht in der 70prozentigen Eliminierung von Lastwechselreaktionen (extremes Ausfedern beim Beschleunigen, starkes Zusammensacken der Federung im Schiebebetrieb). Im Gegensatz zum bekannten BMW-Paralever ist das Einzelfederbein der neuen R 1100 RS nicht mehr seitlich zwischen Schwinge und Rahmen angelenkt, sondern stützt sich zentral auf dem breiten Gußstück zwischen den vorderen Schwingenlagern und oben am hinteren Hilfsrahmen ab. Das insgesamt 520 Millimeter lange Schwingensystem bietet im Zusammenspiel mit dem Showa-Federbein japanischer Fertigung (Einrohrgasdruckdämpfer mit Schraubenfeder, Federvorspannung 7fach, Zugstufendämpfung stufenlos einstellbar) an der Radachse 135 Millimeter Federweg zur Verfügung. Mit 1473 Millimeter Radstand, 111 Millimeter Vorderradnachlauf und einem Lenkkopfwinkel von 65,9 Grad besitzt das Boxerfahrwerk eine gemäßigte, nicht auf extremes Handling getrimmte Geometrie.

Räder/Bremsen

Die Dreispeichen-Leichtmetall-Gußräder der R 1100 RS messen vorn 17 mal 3.50 Zoll und 18 mal 4.50 Zoll hinten, auf denen moderne Niederquerschnitts-Gürtelreifen der Dimension 120/70 ZR beziehungsweise 160/60 ZR sitzen.

Aus den K-100-Modellen bekannte Größen stellen die Brembo-Bremsen aus Italien dar. Zwei schwimmend gelagerte, gelochte Edelstahlscheiben von 305 Millimetern Durchmesser und 5 Millimetern Stärke am Vorderrad werden von zwei Vierkolben-Festsätteln (Kolbendurchmesser 32 und 34 Millimeter) mit Sintermetallbelägen (Belagfläche 100 cm2) in die Zange genommen. Hinten arbeitet eine Zweikolbenfestsattel-Scheibenbremse (Belagfläche 40 cm2) mit 38 Millimeter großen Kolben. Die 5 Millimeter starke Scheibe ist gelocht und hat einen Durchmesser von 285 Millimetern.

Eine neue Dimension stellte jedoch '93 das aufpreispflichtige ABS der zweiten Generation von FAG dar. Im Gegensatz zum alten ABS wurde das Gewicht des Systems von 11,1 auf 6,9 Kilogramm verringert. Kernstück der An-

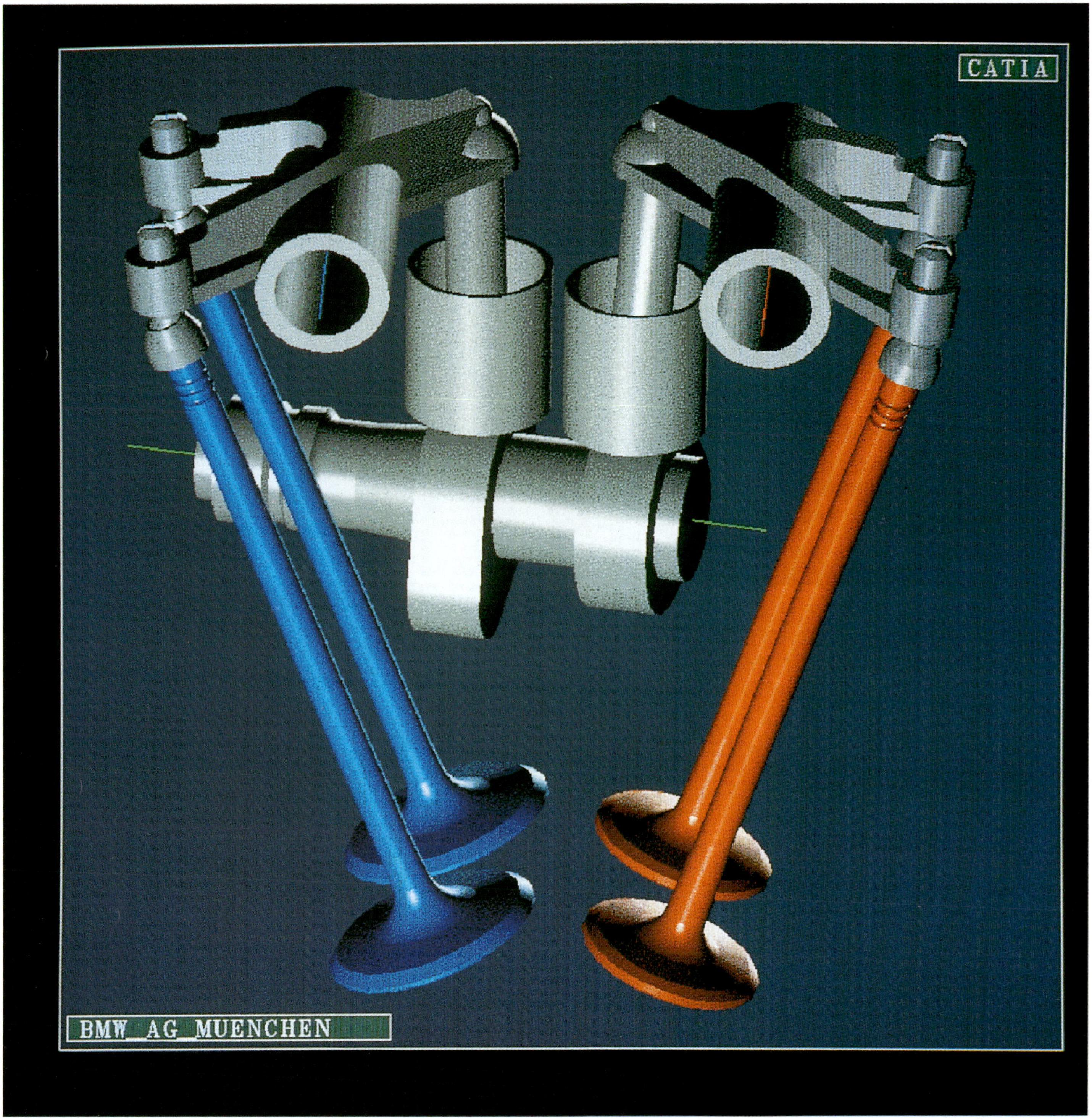
CATIA
BMW_AG_MUENCHEN

Neben der Anlenkung des Telelevers und der Abstützung des Steuerkopfträgers am Motorblock ist oben links im Bild auch die Unterbringung der Batterie und des davor angeordneten Druckmodulators des neuen ABS zu erkennen.

lage ist ein neuer mechanisch-hydraulischer Druckmodulator der von drei Rechnern überwacht wird. Das neue System arbeitet nicht nur bei extrem niedrigen Fahrbahnreibwerten, sondern ist auch in der Lage, auf trockener Straße das Rad extrem nah an der Blockiergrenze zu bremsen, also einen vom Modulator reduzierten Bremsdruck im Hydrauliksystem konstant auf dem Wert einer optimalen Bremsung zu halten.

Ausstattung
Die Serienausstattung der 239 Kilogramm schwerern R 1100 RS von '93 umfaßt ein Cockpit mit Tacho und Tageskilometerzähler, Drehzahlmesser, Blinkeranzeige, sowie die Funktionsleuchten für Batterieladung, Leerlauf, Öldruck, Fernlicht und Reserveanzeige (ab 5 Liter Rest). Dazu gibt's einen vierfach einstellbaren Vorderradbremshebel und eine 12-Volt-Steckdose. Die Liste an Extras ab Werk: Geregelter Kat, Antiblockiersystem, Zylinderschutz, Info-Display (Benzinstand, Uhrzeit, Öltemperatur und Ganganzeige), Warnblinkanlage, Gepäckbrücke, Kofferträger und Koffer, heizbare Griffe. Das Ergonomie-Paket umfaßt drei Komponenten: Eine im Bereich von 20 Grad über einen zentralen Knauf im Cockpit einstellbare Verkleidungsscheibe. Geschmiedete Aluminium-Lenkerhälften, die sich in Längsrichtung um 20 Millimeter sowie in drei Spreizwinkel von je sechs Grad über eine Schraube einstellen lassen. Die Fahrersitzhöhe läßt sich von 78 über 80 (Serie) auf 82 Zentimeter variieren, wobei Metallbügel unter dem Sitz in drei unterschiedlich hohe, rahmenfeste Aufnahmeböcke geschoben werden. Außerdem kann die RS mit einer Sportverkleidung in Fahrzeugfarbe geordert werden, die eine Verschalung der unteren Motorhälfte sowie eine Verblendung der Gabeltauchrohre umfaßt.

Auch ein schöner Rücken kann entzücken: Das neue Boxertriebwerk von der Rückseite mit dem großen Kupplungsgehäuse.

Die R 1100 RS in der Praxis

In entspannter Tourenhaltung durch die tiefe Sitzmulde ins Fahrzeug regelrecht integriert, fühlt sich der RS-Fahrer sofort angenehm aufgehoben. Alle Bedienungshebel – inklusive der gewöhnungsbedürftigen Blinker-Rückstellung unten an der rechten Schaltereinheit – liegen gut zur Hand.

Trotz elektronischer Einspritzung benötigt der Boxer zum Kaltstart die Hilfe des Chokes am Lenker, was er prompt mit relativ ungesunden 3000 Touren beantwortet. Schiebt der Fahrer den Chokehebel zurück, schüttelt er etwas lustlos vor sich hin. Auch während der Warmlaufphase macht er in Form ruckeliger Gasannahme aus seinem besonderen Charakter keinen Hehl. Im Gegensatz zur alten R 100 überrascht aber der mechanisch leise Lauf. Selbst im oberen Drehzahlbereich, wo einst die schrillen Töne aus dem Ventiltrieb die Geräuschkulisse des alten Zweiventilers dominierten, überwiegen bei der neuen R sonore Klänge aus Schalldämpfer und Luftfilter. Hat das Triebwerk seine Betriebstemperatur erreicht, begeistert die RS auch im unteren Drehzahlbereich mit gleichmäßiger Kraftentfaltung, wenngleich der mächtige Schub erst ab 5000/min, dann allerdings mit Nachdruck, einsetzt. Gegenüber dem alten Boxer, der sich schon ab 6500 Touren schwertat, dreht das Vierventil-Aggregat hemmungslos bis in den roten Bereich, der bei 7250/min beginnt. In Anbetracht der knappen Endübersetzung, die für hervorragende Elastizität beim Beschleunigen im letzten Gang sorgt, ist diese Drehfreu-

Motor-Rad im wörtlichen Sinne: Dreh- und Angelpunkt des vorderen und hinteren Hilfsrahmens ist der tragende Motorblock.

Die Zylinderlaufbuchsen des neuen Boxers sind beschichtet, das verringert die Reibung und erhöht die Laufleistung.

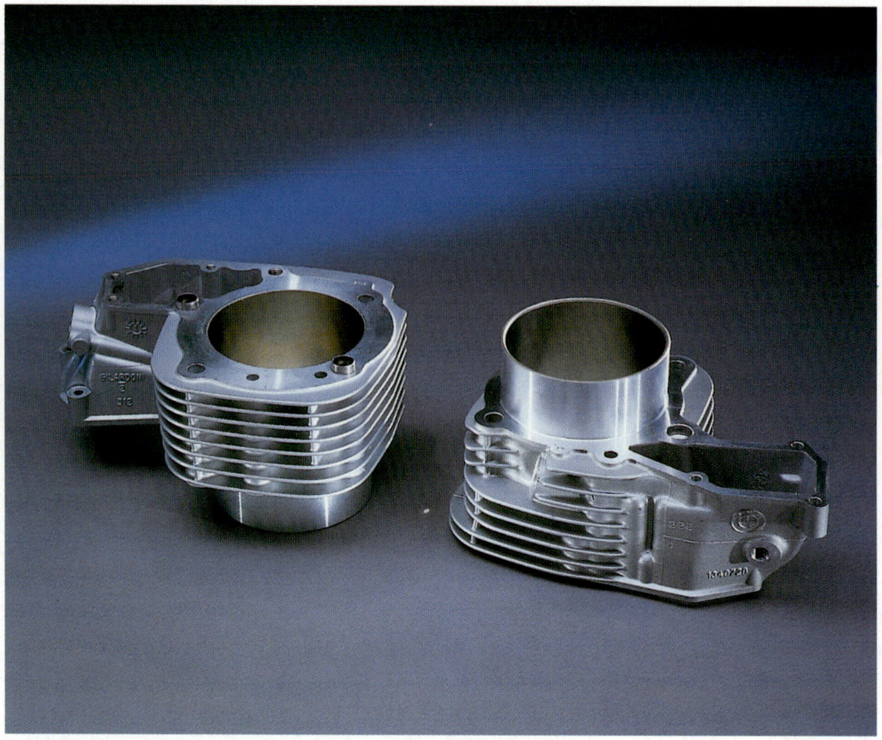

digkeit und Drehfestigkeit auch nötig. Auf der Autobahn entert der RS-Treiber selbst aufrechtsitzend die rote Zone des Drehzahlmessers.
Butterweich, lautlos und exakt arbeitet auch das Getriebe, während sich der Fahrer an die etwas abrupt zupackende Kupplung ein wenig gewöhnen muß.
Gewöhnung erfordert indes auch das Fahrwerk der neuen R 1100. Das Lenksystem wirkt im Vergleich zu üblichen Gabeln steifer, vor allem im Schiebebetrieb, wenn die Frontpartie einfedert, ist mehr Kraft zum Einlenken in die Kurve notwendig. Bei sehr niedrigen Geschwindigkeiten wird zudem das höhere Losbrechmoment der Kugelköpfe spürbar. Und es dauert auch eine gewisse Zeit, bis der Fahrer die Kippbewegungen des Lenkers ignoriert, der an der oberen, beweglich gelagerten Brücke angeschraubt ist.
Nach diesem Lernprozeß folgt jedoch Genuß ohne Reue: Ob schnelle Landstraßenabschnitte mit pottebenem Belag oder Holperstrecken übelster Ordnung, die RS läuft sauber geradeaus und umrundet Kurven schön neutral. Auf abgesperrter Rennstrecke lassen sich sogar die 49 Grad Schräglagenfreiheit so weit auskosten, daß Fußrasten und Zylinderdeckel über den Asphalt schmirgeln. Zwar entspricht das Handling des neuen Boxers nicht dem aktuellen Stand von Sportmaschinen, aber die RS will ja auch als Sporttourer mit guter Soziustauglichkeit verstanden werden. Für den Sporteinsatz empfiehlt es sich,

Seit Baujahr '96 ist die Sportverkleidung teilweise weiß-aluminium lackiert.

die Einstellmöglichkeiten des hinteren Federbeins auszunutzen. Mittels erhöhter Federvorspannung und strafferer Zugstufendämpfung bügelt die Heckfederung so ziemlich alles glatt, ohne durch lästiges Auf und Nieder zu verdeutlichen, daß das Paralever die Antriebsmomente nicht zu 100 Prozent schluckt. Aber Kenner schreckt das ebensowenig, wie das beim Gaswechsel spürbare Kippen des Boxers um die Längsachse. Die längsliegende Kurbelwelle ohne gegenläufige Massen läßt schön grüßen.
Das Telelever begeistert durch perfektes Ansprechverhalten und hohe Zielgenauigkeit. Nur im Hochgeschwindigkeitsbereich überfahrene Querfugen quittiert der Lenker mit einem leichten Schlag. Insgesamt ist der Negativfederweg des Zentralfederbeins etwas großzügig ausgefallen, so daß die Fahrzeugfront beim Beschleunigen stark aufsteigt. Beim Bremsen stört die weiche Front dank des Nickausgleichs indes nicht. Und das ist auch gut so: Schon die Serienbremsen überzeugen durch ihre Wirkung und Dosierbarkeit. Mit Unterstützung des neuen ABS verliert der Fahrer dann alle Scheu, und läßt zuweilen das Hinterrad der RS frech emporsteigen.
Doch trotz des rundum gut gelungenen Wurfes, sollte es BMW nicht erspart bleiben, nach Markteinführung der RS Lehrgeld zu zahlen: Undichte Zylinderdeckel- und -kopfdichtungen, rasselnde Getriebe sowie unzulänglich arbeitende Motorgehäuseentlüftungen gehörten zu den häufigsten Mängeln, die im Rahmen von Umrüstaktionen und Modifikationen für die 94er Serie abgestellt wurden. Zudem bedürfen die Seilzüge zu den Drosselklappen regelmäßiger Synchronisation.

Modellpflege

Ab 1994 gehören Ergonomiepaket, Warnblinkanlage und Info-Display zur Serienausstattung. Außerdem bekommt das Telelever-Federbein eine härter abgestimmte Druckstufendämpfung mit auf den Weg.
Ab 1996 hat die RS einen serienmäßigen Katalysator und der Vorderradkotflügel wird zur Verbesserung des Spritzschutzes nach hinten verlängert. Die Innenabdeckungen der Halbverkleidung sind nicht mehr schwarz sondern in Fahrzeugfarbe lackiert, und die lieferbare Sportverkleidung ist teilweise in weißaluminium lackiert.
Ab 1997 kann das Teleleverfederbein mittels einer Schlitzschraube in der Zugstufendämpfung stufenlos eingestellt werden. Das Justieren der Federbasis am hinteren Federbein erfolgt hydraulisch über einen außenliegenden Drehknebel.

Familienzuwachs, R 1100 GS

Auf dem Motorradsektor steht BMW nicht nur als Synonym für den Boxerantrieb. Auch die konsequente Umsetzung des Baukastenprinzips ist fester Bestandteil der Technikphilosophie aus Bayern. Insofern war die September ’93 auf der IAA (Internationale Automobilausstellung in Frankfurt) erstmals präsentierte Programmerweiterung keine Überraschung. Ebenso wenig, daß das zweite Modell der neuen Boxerreihe eine Enduro wurde, schließlich galten die aus den Straßenmodellen entwickelten GS-Typen stets als sichere Bank, stellten meist sogar die Bestseller des BMW-Angebots dar. Als Überraschung darf indes die gelungene Umsetzung der Technik auf geländespezifische Belange gelten. Die technischen Eckwerte für Leistung und Hubraum der Anfang ’94 auf dem Markt eingeführten R 1100 GS markieren im Endurobau gar neue Maßstäbe.

Eine R 1100 GS des 97er Modelljahrgangs.

Obwohl das technische Grundkonzept der sportlichen R 1100 RS übernommen wurde, konnte mit wenigen Eingriffen das Fahrwerk auf Offroad-Format mit 190 beziehungsweise 200 Millimeter Federweg für Vorder- und Hinterrad umgestellt werden. Der Motor verlor Spitzenleistung, verfügt aber über einen günstigeren Drehmomentverlauf.

Motor

Obwohl der 1100er Boxer im RS-Modell schon zu den drehmomentstarken Vertretern zählt, scheuten die Techniker keinen Aufwand, um dem Zweizylinder zusätzlichen Schub zu verleihen. Reise- und Offroad-Ansprüchen angepaßt, reduzieren neue Kolben die Verdichtung von 10,7 auf 10,3 zu 1. Hinzu kommen neue Nockenwellen mit zahmeren Steuerzeiten und eine angepaßte Einspritzelektronik sowie eine modifizierte Edelstahlauspuffanlage. Resultat der Maßnahmen: Eine um 10 auf 80 PS bei 6750/min verringerte Spitzenleistung gegenüber der RS, aber eine um 0,2 auf 9,9 mkp gestiegene Drehmomentspitze, die schon bei 5250/min, also 250 Touren früher, anliegt. Wahlweise wird die GS aus versicherungstechnischen Gründen auch mit einer Leistung von 78 PS bei 6500/min angeboten.

Getriebe/Kardan

Absolut gesehen, ist der Drehmoment-Zugewinn des GS-Motors marginal. Erst im Zusammenspiel mit der modifizierten Kraftübertragung aufs Hinterrad macht sich der Drehmomentanstieg zwischen 2000 und 5000/min in explosiver Form bemerkbar. Während die Übersetzung der einzelnen Gangstufen unverändert aus der RS übernommen wurde, wartet die GS mit einer von 2,81 auf 3,00 zu 1 verkürzten Sekundärübersetzung auf. Folglich setzt der Motor seine Drehmomentstärke spontaner um.

Fahrwerk

Lautete das Motto bezüglich Enduro-Motor Abrüstung auf Offroad-taugliche Dimensionen, so bedurfte es beim Fahrwerk einer intensiven Aufrüstung, um bezüglich Federwege und Bodenfreiheit dem Einsatzzweck angepaßte Formate zu verwirklichen. Dank eines Telelever-Federbeins mit 97,5 statt 67,0 (RS) Millimeter Arbeitshub und entsprechend angepaßtem Fronthilfsrahmen sowie geändertem Längslenker erhöht sich der Federweg vorn von 120 auf 190 Millimeter. Geändert haben sich dadurch aber auch die kinematischen Verhältnisse des Telelevers: Im Vergleich zur RS beträgt der Bremsnickausgleich bei der GS nicht nur 70, sondern sogar 90 Prozent. Allerdings sorgt der größere Negativfederweg dafür, daß der Fahrer beim Einleiten des Bremsvorgangs beim Zusammensacken der Vorderradfederung genügend Rückmeldung bekommt.

Im Gegensatz zum vorderen Federbein der RS läßt sich das der GS mittels Hakenschlüssel in fünf Positionen vorspannen. Noch einfacher gerät die Einstellung der Federbasis hinten. Über einen Drehknebel wird die Vorspannung stufenlos hydraulisch eingestellt. Wie bei der RS kann auch die Zugstufen-

Trotz ihres satten Kampfgewichts von 243 Kilogramm in der Basisversion macht das Enduro-Highlight auch auf unbefestigtem Grund eine gute Figur.

Dank knackig kurzer Endübersetzung und kraftvollem Drehmoment hebt die R 1100 GS gern das Vorderrad.

Komplettes Instrumentarium: Das Display zeigt Tankinhalt, Öltemperatur, Uhrzeit und eingelegten Gang an.

dämpfung an einer Schlitzschraube stufenlos angepaßt werden. Der Arbeitshub des hinteren Federbeins stieg um 22,0 auf 67,0 Millimeter, was 200 Millimeter Federweg an der Radachse ergibt. Für die mit den Federungsmodifikationen verbundenen Geometrieveränderungen gilt die Devise: Länge läuft. Bei 64 Grad Lenkkopfwinkel weist die Enduro 1509 Millimeter Radstand und 115 Millimeter Vorderradnachlauf auf.
Im Gegensatz zur RS, wo sich der Fahrer daran gewöhnen muß, daß der Lenker die Kippbewegungen des Telelevers mitmacht, war bei der GS eine Änderung der Lenkeraufnahme vonnöten. Im Hinblick auf wesentlich längere Federwege und stärker nach oben gekröpftem und 820 (statt 740) Millimeter breitem Enduro-Lenker, sind Gabelbrücke und Lenker mittels zweier Kugelgelenke an den Standrohren kippentkoppelt.

Räder/Bremsen
Mitverantwortlich für die Änderung der Fahrzeuggeometrie sind auch veränderte Raddimensionen. Die GS rollt vorn auf einem 19 x 2,5 Zoll und hinten auf einem 17 x 4,0 Zoll großen Rad. Deren Kreuzspeichen-Bauart hat sich bereits an den alten GS-Modellen bewährt. Die Speichen-Anordnung sorgt dafür, daß eine Gußrädern vergleichbare Stabilität bei höherer Elastizität erreicht wird. Zudem erlauben die Räder mit einzeln austauschbaren Speichen den Betrieb schlauchloser Radialreifen. Letztere im Format 110/80 x 19 beziehungsweise 150/70 x 17 weisen entsprechend ihrem Geschwindigkeitsindex (H) und zugunsten hoher Laufleistung ein nur eingeschränkt geländetaugliches Profil mit hohem Positivanteil auf.
Für Enduromaßstäbe extreme Dimensionen verkörpert die vordere Bremsanlage der GS. Sie ist baugleich mit der RS-Bremse und verfügt über zwei Vierkolbenfestsättel, die auf schwimmend gelagerte Edelstahlscheiben von 305 Millimetern Durchmesser greifen. Am Hinterrad kommt wegen des raumgreifenden Kreuzspeichenrades allerdings eine Doppelkolben-Schwimmsattelbremse mit 276 Millimeter großer Scheibe zum Einsatz.
Als richtungsweisend, weil bislang einmalig im Endurobau, muß auch das als Sonderausstattung erhältliche Antiblockiersystem gelten. Da es beim Geländeeinsatz durchaus wünschenswert sein kann, das Hinterrad zum Blockieren zu bringen, und bei reinem Schotterbetrieb ein ABS die Bremswege eh verlängert, kann das ABS über einen Schalter stillgelegt werden. Die Abschaltung bekommt der Fahrer durch eine Kontrolleuchte angezeigt. Durch Aus- und Einschalten der Zündung wird das System automatisch wieder aktiviert.

Ausstattung
Geradezu futuristisch wirkt die Verkleidung der Enduro. Vor dem auf 25 Liter Volumen angewachsenen Kunststoff-Tank sitzt eine rahmenfeste Cockpitverkleidung, an die sich nach vorn hin die obere Vorderradabdeckung anschließt.

Unter dem Rechteckscheinwerfer sitzt der Ölkühler. Die untere Radabdeckung ist an der Tauchrohrbrücke mitlenkend befestigt. Am Hinterrad übernimmt eine am Antriebsgehäuse fixierte Kunststoffblende die Funktion der Radabdeckung. Die Serienausstattung der GS beinhaltet ein Ergonomiepaket. Es umfaßt ein um 13 Grad stufenlos variables Windschild sowie eine Höhenverstellung des Fahrersitzes von 84 auf 86 Zentimeter. Unter dem abnehmbaren Beifahrersitz setzt sich die serienmäßige Gepäckbrücke fort. Bei Solobetrieb läßt sich die integrierte Werkzeugbox dann mit dem Sitzbankschloß sichern.
Neben der Warnblinkanlage gehören Kunststoff-Zylinderschützer und ein Aluminium-Unterfahrschutz zum Standard. Darüber hinaus gibt's für den GS-Fahrer neben den aus der RS bekannten Zusatzausstattungen endurospezifische Extras wie Schaumstoffgriffe, Handprotektoren und einen Lenkerprallschutz.
Wegen der umfangreicheren Serienausstattung, dem größeren Tank und den notwendigen Fahrwerksmodifikationen steigt das Basisgewicht der Serien-GS gegenüber ihrer sportlichen Straßenschwester um vier auf 243 Kilo.

Die R 1100 GS in der Praxis

Daß die motorischen Modifikationen an der GS keinen faulen Kompromiß darstellen, spürt man schon beim Startvorgang. Auch nach einer bitterkalten Nacht springt die GS mit Wasserdampfschwaden aus den verschlungenen Auspuffpfaden prompt an. Ein paar Gasstöße reichen, um das Standgas zu stabilisieren. Nach der Warmlaufphase, die der Boxer mit rundem Lauf überbrückt, begeistert dann die gleichmäßige Kraftentfaltung, frei von Schluckbeschwerden, selbst aus dem Drehzahlkeller. Legt's der Fahrer darauf an, stellt der mächtige Flat-Twin beim abrupten Gasgeben im ersten und zweiten Gang die Fuhre locker auf das Hinterrad. Der mächtige Drehmomentanstieg zwischen 2000 und 5000/min im Zusammenspiel mit der verkürzten Sekundärübersetzung läßt die GS im niedrigeren Drehzahlbereich agiler wirken, als die PS-stärkere RS. Die Drehfreudigkeit des GS-Boxers leidet darunter jedoch nicht: Auch er kennt keine Scheu vorm roten Drehzahlbereich, der bei 7250/min beginnt. Vibrationen bekommt der Fahrer in diesen Tourenregionen nur dann zu spüren, wenn er ohne die Gummiauflagen auf den gezackten Endurorasten unterwegs ist. Aber das läßt sich in Anbetracht der Tatsache, daß die GS trotz hochbauender Endurostirnfläche mit rund 195 Sachen über die Autobahn fliegt, leicht verschmerzen.
Doch die hochbeinige Bauweise macht sich weder bei High-Speed-Ritten – die GS läuft sauber geradeaus – noch beim erklimmen des Fahrerthrons besonders erschwerend bemerkbar. Hat ein 90-Kilo-Mann die bequeme Sitzmulde mit dem schmalen Übergang zum Tank erstmals geentert, trennen ihn akzeptable 79 Zentimeter vom Boden. Der Respekt, den die GS beim Rangie-

Wie bei allen neuen Boxern wird am linken Zylinder verbrauchtes Motoröl nachgefüllt.

Das Heckfederbein der GS läßt sich leicht über einen Drehknebel vorspannen.

Ob mit oder ohne ABS, die Frontbremse der BMW gehört zu den Top-Vertretern im Endurobereich.

Direkt unter dem Scheinwerfer findet der Ölkühler seinen Platz.

ren im Stand dem Fahrer abverlangt hat verfliegt: Die Lenkung arbeitet schön leichtgängig, und der Lenkeinschlag ist trotz Telelevers so groß, daß es bei voll eingeschlagenem Lenker schon fast schwierig wird, Kupplung oder Gasgriff am breiten Lenker noch feinfühlig zu dosieren. Lenker, Rasten und Sitzbank sind praktisch perfekt zueinander angeordnet. Balanciert der Fahrer im Gelände auf den Rasten stehend, muß er sich nicht zum Lenker hinunter bücken, und die Knie in den Tankmulden können die GS leicht mit dirigieren.
Ein wenig Gewöhnung erfordert indes die Fahrwerksauslegung mit großen Negativfederwegen, woran auch die gebotenen Einstellmöglichkeiten nichts ändern. Trotz des fast antriebsreaktionfreien Paralevers verlieren beim Anfahren die Füße des Fahrers zunächst den Bodenkontakt, bevor es nach vorn geht. Bei zügiger Landstraßenfahrt, was dank des insgesamt sehr stabilen Fahrverhaltens und beeindruckenden Handlings der GS kein Problem darstellt, kommt beim heftigen Umlegen in Wechselkurven ein bißchen Unruhe in die Front, weil das weichgedämpfte Telelever dabei über den Negativweg arbeitet.
Einen großen Anteil am insgesamt sehr stabilen und direkten Fahrverhalten haben die langlebigen Radialreifen. Daß sie sich auf matschigen Wegen ob des hohen Positiv-Profils schnell zusetzen, sei ihnen nachgesehen. Spätestens, wenn die mordsmäßigen Frontstopper, mit deren Hilfe sich die mächtige GS sogar aufs Vorderrad stellen läßt, zupackt, ist der Fahrer ob des stabilen Frontpneus dankbar.
Alles in allem ist den BMW-Technikern die Gratwanderung zwischen High-Tech-Enduro der Superlative und Alltagstauglichkeit hervorragend gelungen. Sieht man vom etwas kurz geratenen Seitenständer ab, mit dem die GS bei aufgeschnalltem Tankrucksack etwas wackelig steht, stellt die R 1100 GS die am einfachsten zu handhabende Enduro der Hubraum-Oberklasse dar.

Modellpflege

Ab dem '95er Modelljahrgang wurde die untere Vorderradabdeckung der GS 192 Millimeter nach vorn verlängert, um den Spritzschutz zu verbessern. Seit '96 gehört der geregelte Kat zum Serienumfang.

Die Roadster kommen, R 1100 R und R 850 R

Nach den erstaunlichen Verkaufserfolgen der R 100 R mit dem alten Zweiventilboxer, ließ eine Neuauflage des klassischen, unverkleideten Motorrades – in Neudeutsch auch „naked bike“ – mit dem luft-/ölgekühlten Vierventiler nicht lange auf sich warten. Doch überraschenderweise führte BMW im Herbst ’94 nicht nur die R 1100 R auf dem Markt ein, sondern stellte ihr noch eine im Hubraum reduzierte Variante, die R 850 R, zur Seite. Offensichtlich zielt der „small block“, der auch in einer 34-PS-Variante angeboten wird, auf zahlungskräftige Einsteiger.

Die R 850 R mit aufwendiger Zweifarblackierung für den 97er Modelljahrgang.

Gegenüberliegende Seite:
Mit den Roadster-Modellen von BMW läßt es sich nicht nur komfortabel touren, auch beim sportlichen Sprint über die Landstraße machen die „Nackerten" eine sehr gute Figur.

Motor

Für einen Roadster als Inbegriff des Motorrad pur mit zur Schau gestellter Technik, war kein auf Spitzenleistung getrimmtes Triebwerk gefordert. Bei genußvollen Ausritten über Landstraßen zählt Drehmoment. Im Falle der R 1100 R drängten sich den Technikern förmlich Triebwerk, Einspritzelektronik und Auspuffanlage der ein Jahr vorher präsentierten GS auf: Weder Drehmomentverlauf noch Drehfreudigkeit ließen beim 80 PS (wahlweise auch 78 PS) starken Enduro-Motor Wünsche offen.
Überstunden am Computer verursachte jedoch der kleine 850er, selbst wenn der bezüglich Massenausgleich angepaßte Kurbeltrieb mit unverändertem Hub von 70,5 Millimetern übernommen werden konnte. Neue Zylinder mit 87,5 Millimeter Bohrung und passende Kolben, die das Gemisch auf 8,3 zu 1 verdichten, waren ebenso notwendig, wie neue Ventile. Entsprechend den geschrumpften Platzverhältnissen im Zylinderkopf kommen Einlaßventile mit 32,0 sowie Auslaßventile mit 27,0 Millimetern Durchmesser zum Einsatz. Im Einklang mit einer angeglichenen Steuerelektronik für die Einspritzanlage stemmt der 848 cm^3 große Boxer respektable 77 Nm Drehmoment bei 5500/min auf die Kurbelwelle und läßt 1500 Touren später 70 Pferdestärken antraben, während die Stufenführerschein-Ausführung elektronisch auf 34 PS bei 5000/min und 60 Nm bei 2500 Touren eingebremst wird.
In Abwandlung von den Modellen RS und GS sind die beiden Roadstermodelle nicht mit einem unter dem Scheinwerfer postierten Ölkühler ausgerüstet, sondern weisen zwei kleinere Wärmetauscher beiderseits über den Zylindern auf.

Getriebe/Kardan

Während die R 1100 R den kompletten Antriebsstrang der GS mit auf den Weg bekommen hat, besitzt die kleinere Schwester einen modifizierten Endantrieb. Unter Beibehaltung des RS/GS-Getriebes wurde die Sekundärübersetzung der kleineren Schwester auf 3,36 zu 1 gekürzt.

Fahrwerk

Beim Fahrwerk gleichen 850er und 1100er wie ein Ei dem anderen. Dabei profitierten die Techniker wiederum von der Entwicklungsarbeit zur RS und GS. Nach dem Baukastenprinzip entliehen sie vorderen und hinteren Hilfsrahmen sowie die Kippentkoppelung des Lenkers aus dem Geländemodell und kombinierten die Komponenten mit dem Telelever-Längslenker aus der sportlichen RS. Das gleiche gilt für die Federbeine, die für 120 (vorn) beziehungsweise 135 Millimeter (hinten) Federweg an den Radachsen sorgen. Bezüglich ihrer Abstimmung wurden sie jedoch den veränderten Einsatzbedingungen angepaßt. Die Mixtur der verschiedenen Fahrwerkselemente schlägt sich in einer von den übrigen Modellen abweichenden Fahrwerksgeometrie

nieder: Bei 63 Grad Lenkkopfwinkel betragen Vorderradnachlauf und Radstand 127 respektive 1487 Millimeter. Im Hinblick auf die gegenüber der sportlichen RS und der Enduro verringerten Vorderradlast setzt BMW erstmals einen Lenkungsdämpfer mit stark progressiver Charakteristik ein. Zwischen Längslenker und Tauchrohrbrücke mittels Kugelköpfen angelenkt, soll er bei niedrigem Tempo den langsam erfolgenden Ausgleichsbewegungen der Lenkung wenig Widerstand entgegensetzen, abrupt eingeleitete Impulse jedoch dämpfen, um Lenkerschlagen (Kickback) bei entlastetem Vorderrad auf Bodenunebenheiten zu unterbinden.

Für die Kühlung des Motoröls sind bei den Roadstern zwei seitlich angeordnete Wärmetauscher zuständig, und wegen der geringeren Vorderradlast kommt ein progressiv arbeitender Lenkungsdämpfer zum Einsatz.

Räder/Bremsen

Serienmäßig rollen die Roadster-Modelle auf den hohlgegossenen Dreispeichen-Leichtmetallgußrädern der R 1100 RS mit entsprechenden Reifendimensionen. Als Sonderausstattung sind jedoch auch Kreuzspeichenräder nach Bauart des GS-Modells erhältlich, wobei das Vorderrad 18 Zoll Durchmesser aufweist. Die Bremsen entsprechen dem Standard der GS und sind gegen Aufpreis ebenfalls mit Antiblockiersystem erhältlich. Leider wird bei der nachträglichen Umrüstung eines ABS-Modells auf Speichenräder ein kostspieliger ABS-Umbau fällig.

Ausstattung

Obwohl die Basis-Elemente der Roadster denen der anderen Vierventil-Typen entsprechen und auch Ausstattungselemente funktional denen der RS oder GS gleichen, gelang es den Bayern, der R 1100 R und R 850 R ein vollkommen neues Gesicht zu verleihen. Runde Formen dominieren die Optik der im Basislayout 235 Kilo schweren Roadster: Bulliger 21-Liter-Stahlblechtank,

Obwohl auch die Roadster dem neuen Boxer-Baukasten entstammen, sorgen Sattelform des Fahrersitzes wie bullig runder Stahltank für eine neue Linie. Zumindest gewöhnungsbedürftig sieht die Aufhängung des Scheinwerfers aus.

Fahrersitz in Sattelform, flacher Soziussitz. Gewöhnungsbedürftig ist allerdings der Rundscheinwerfer, der optisch am Instrumentengehäuse aus Kunststoff hängt. Einer Roadster-typischen Sitzposition trägt der 730 Millimeter breite, zweiteilige Lenker aus geschmiedetem Aluminium Rechnung. Im Serienzustand bietet das Cockpit eine puristische Ausstattung: Tachometer plus Kontrolleuchten für Fernlicht, Blinker, Leerlauf, Ladekontrolle, Spritvorrat und Öldruck. Im weiteren finden der Schalter für die Warnblinkanlage und zwei weitere Schalter für Sonderzubehör im „Instrumentenbrett" Platz.

Der Fahrersitz ist in drei Stufen von nur 760 über 780 bis 800 Millimeter Höhe nach dem bereits aus der RS bekannten Steckprinzip einstellbar. Im übrigen haben die Roadster standardmäßig eine 12-V-Steckdose und den einstellbaren Vorderradbremshebel.

Auf der Aufpreisliste stehen neben einem kompletten Transportsystem (Gepäckbrücke, Kofferträger, Gepäckkoffer), ABS, Katalysator, Speichenräder, Zylinderschutz, Heizgriffe und Diebstahlwarnanlage. Drehzahlmesser und Zeituhr – beides Rundinstrumente – werden in seperaten Gehäusen neben dem Cockpit angeschraubt. Außerdem gibt's auf Wunsch auch ein Windschild ab Werk.

Die R 1100 R/R 850 R in der Praxis

Bei der ersten Kontaktaufnahme mit den Roadstern fällt zunächst die niedrige Sitzposition auf, die den Fahrer regelrecht ins Motorrad hineinsetzt. Im Gegenzug muß der Fahrer die Beine – für BMW-Verhältnisse – relativ stark anwinkeln. Wer über 1,80 Meter mißt, tut also gut daran, den Fahrersessel in der höchsten Position der Verstellmechanik einrasten zu lassen. Ansonsten liegen alle Hebel gut zur Hand und zu Fuß. Mit sauberem Knieschluß und locker aufrecht hinter dem hohen Lenker thronend, fühlt sich der Fahrer auf den Roadstern sofort wohl. Auch wenn Telelever-Unerfahrene das leicht höhere Losbrechmoment in der Lenkung auf den ersten Metern spüren werden. Doch im Gegensatz zur RS, die nicht nur eine handlichere Lenkgeometrie aufweist, sondern den Fahrer durch die Sitzposition stärker „aufs Vorderrad" beugt, sind die Roadster hecklastiger ausgelegt. Der Fahrer schwingt und zwingt nicht das Motorrad durch Kurven – für Landstraßen genau richtig. Dabei stört auch die in der Zugstufendämpfung komfortbetonte Auslegung des Teleleverfederbeins nicht weiter, weil Schräglagenwechsel zwar etwas betulicher, aber dafür spielerischer von der Hand gehen, und somit das Federbein nicht abrupt ein- und ausfedert. Vorbildlich spricht das Telelever auf feinste Unebenheiten an, und nur bei Topspeed in Schräglage überfahrene Querrillen verursachen ein Zucken im Lenker, was sich jedoch nicht auf die Fahrsicherheit auswirkt. An der Hinterhand gibt's dagegen wenig zu mäkeln, mit den gebotenen Einstellvarianten für Federbasis und Zugstufendämpfung findet sich immer ein passendes Setup.

Insgesamt bieten R 1100 R und R 850 R, die über die bekannt guten Bremsen der R 1100 GS verfügen, ein ausgesprochen harmonisches Kurvenhalten und geben sich auch bei Top-Speed keine Blöße. Dabei erweist sich die tiefe Sitzposition im Zusammenspiel mit den hoch angesetzten Instrumenten als aerodynamisches Hilfsmittel, die selbst längere Vollgasetappen nicht zur Qual werden lassen.

Dank ihrer motorischen Überlegenheit hat dabei natürlich die R 1100 R ihre Nase vorn und erreicht knapp 200 km/h. Im übrigen entspricht ihre Motorcharaksteristik voll und ganz der GS, wenngleich die Messwerte für Beschleunigung und Elastizität dank günstigerer Silhouette geringfügig besser ausfallen.

Dennoch muß sich die 850er keinesfalls verstecken, im Gegenteil: Knapp 190 km/h reichen allemal für den Einsatzzweck des Roadsters sowie für die heutigen Verkehrsverhältnisse. Selbstverständlich gibt sich der hubraumschwächere Zwilling auch nicht ganz so durchzugskräftig wie die R 1100 R, dafür vermag er aber einen anderen Vorteil ins Feld zu führen: Der kleine Motor läßt sich geschmeidiger fahren. Wegen geringerer Massen im Motor ist das Rückdrehmoment bei Lastwechsel und damit das Kippen um die Längsachse kaum zu spüren. Die etwas häufigeren, aber nicht unbedingt notwendigen Gangwechsel auf der Landstraße dankt der 850er mit noch größerer Spontanität und Drehfreudigkeit. Bezüglich Spaßfaktor steht der kleinere Roadster dem großen Bruder also in nichts nach.

Modellpflege

Seit 1996 werden die Roadster-Modelle serienmäßig mit geregeltem Katalysator ausgeliefert.

Die neue Boxerfamilie ist (fast) komplett, R 1100 RT

Seit BMW 1978 mit der R 100 RT erstmals ein Großserien-Tourenmodell einführte, hat diese voluminös verkleidete Spezies einen festen Platz im Programm der Bayern, ganz gleich, ob nun mit Reihen- oder Boxermotor. Allein von den R-80/100-RT-Modellen liefen bis Ende '95 50.000 Einheiten vom Band, was ein Beweis für die große Akzeptanz der Tourer ist. Am 24. September 1995, zweieinhalb Jahre nach Präsentation der RS, machte BMW das Vierventil-Boxer-Quartett – mit der 850er Quintett – komplett. Auf der Internationalen Automobilausstellung in Frankfurt feiert der Großtourer R 1100 RT Premiere.

Motor

Auch wenn das Vierventil-Boxertriebwerk in der drehmomentstärkeren GS-Version recht gut zum Touren gepaßt hätte, entschieden sich die Bayern, nicht zuletzt im Hinblick auf flotte Reisedurchschnitte, für den 90 PS starken Antrieb der RS. Gerade auf langen Autobahnetappen hätte sich ein Plus an Drehmoment im unteren Drehzahlbereich kaum positiv in Szene setzen können. Der geregelte Katalysator gehört bei der RT jedoch mit Markteinführung zur Serienausstattung.

Die mächtige Front des Tourenmodells wird von einer kleinen BMW-Niere vor dem Ölkühler aufgelockert.

In Vollausstattung mit Info-Display präsentiert sich das Cockpit der RT. Die Spiegel finden in den Blinkergehäusen Platz, die gleichzeitig als Handprotektoren dienen. Darunter liegen die verschließbaren Düsen, mittels derer die Hände mit der Abluft vom Ölkühler gewärmt werden können.

Getriebe/Kardan

Auch Getriebe und Kupplung der neuen RT sind mit denen der RS identisch. Bei der Sekundärübersetzung trugen die Techniker der größeren Stirnfläche und dem höheren Gewicht des Tourers Rechnung und kürzten das Übersetzungsverhältnis des Endantriebs auf 2,91 zu 1 (RS 2,81:1).

Fahrwerk

Auch beim Fahrwerk konnten die Techniker wieder auf den Baukasten zurück greifen, der mit stetig wachsender Modellvielfalt immer größer wird. So stammt der Vorderrahmen des Tourers aus der R 1100 GS. Der Längslenker des Telelevers wiederum kommt aus der RS, während das vordere Federbein, das für 120 Millimeter Federweg sorgt, dem Roadster entliehen wurde. Das Rahmenheck hat sportliche RS-Vergangenheit, wie auch das hintere Feder-

Das Gepäcksystem mit Kunststoffkoffern gehört zur Serienausstattung des Großtourers.

bein, das der Paraleverschwinge 135 Millimeter Bewegungsspielraum gewährt. Nach GS-Prinzip ist auch der Lenker des Tourers kippentkoppelt. Die neue Fahrwerkskomposition hat für die RT eine leicht veränderte, den Roadstermodellen ähnliche Geometrie zur Folge. Mit einem Lenkkopfwinkel von 62,8 Grad, einem Vorderradnachlauf von 122 Millimetern und 1485 Millimetern Radstand rangiert die umfangreich ausgestattete und 282 Kilo schwere RT zwischen RS und Roadstern, was für gesunden Geradeauslauf wie ordentliches Handling spricht.

Räder/Bremsen

Räder, Bereifung und die vordere Bremsanlage konnten ohne Probleme aus der RS übernommen werden, während die hintere Scheibenbremsanlage aus der GS stammt. Dem Umstand, daß die ABS-Sonderausstattungsquote bei den K-Modellen etwa 90 Prozent beträgt, entschloß sich BMW, bei der neuen R 1100 RT das Antiblockiersystem gleich zum Serienstandard zu machen.

Ausstattung

Konnte bei der Mechanik auf Bewährtes zurückgegriffen werden, mußten die Designer noch einmal kräftig in die Knetmasse greifen und Überstunden im Windkanal machen. Schließlich galt es, ein Höchstmaß an Wind- und Wetterschutz mit umfangreicher Zusatzausstattung zu realisieren, ohne dabei Kompromisse bezüglich der Fahrstabilität eingehen zu müssen. Außerdem sollte die RT ein eigenes Gesicht in der Boxer-Familie haben.

In der großflächigen Vollverkleidung aus Thermoplast-Kunststoff steckt der bekannte Rundeckscheinwerfer, unter dem der Ölkühler hinter einer dezent angedeuteten „BMW-Niere" sitzt. Mit flacher Windschutzscheibe inklusive Gepäckkoffern ließ sich ein Luftwiderstandswert von cw x A 0,494 erreichen. Zwecks Verbesserung der Fahrstabilität bekam die Vorderradabdeckung eine Auftrieb reduzierende Form. Die Verkleidungsscheibe läßt sich über einen Wippschalter am linken Lenkerteil elektrisch auf Fahrergröße wie Wetterverhältnisse einstellen. Dabei beträgt der Neigungswinkel 22 Grad und der Höheneinstellbereich 155 Millimeter. Die beiden in die Verkleidung integrierten Rückspiegel beherbergen zugleich die Fahrtrichtungsanzeiger und dienen als Wetterschutz für die Hände.

Als weitere Wohltat für die Fahrerhände bei kalter Witterung haben sich die Designer eine Warmluft-Heizung einfallen lassen. Ähnlich der seitlichen Belüftungsdüsen im PKW sind im Cockpit zwei verschließbare Klappen untergebracht. Auf Wunsch kann der Fahrer hier die vom Ölkühler austretende Warmluft auf die Lenkergriffe leiten. Die Außentemperatur an den Handschuhen soll so um fünf bis fünfzehn Grad erhöht werden können.

Platz für Kleinutensilien bietet ein abschließbares Fach in der Seitenverkleidung. Dennoch fanden die Designer genügend Platz, um das Volumen des Kunststofftanks auf reisefreundliche 26 Liter zu erhöhen. Wie von der RS bekannt, informieren Warnleuchte und Spritstandanzeige im serienmäßigen Infodisplay darüber, daß die Reservemenge angezapft wird. Im übrigen bietet das RT-Cockpit eine Komplettausstattung, die sich nur noch durch Cassetten-Radioeinbausatz (Staufach), Heizgriffe, Diebstahlwarnanlage, eine zweite Steckdose und Moosgummigriffe toppen läßt.

Hinter dem kippentkoppelten, zweiteiligen, 775 Millimeter breiten Tourenlenker aus geschmiedetem Aluminium und Stahlrohr findet der Fahrer auf der serienmäßig höheneinstellbaren (780, 800, 820 Millimeter) Sitzmulde einen bequemen Arbeitsplatz. Ebenfalls einstellbar ist der Schalthebel der, wie der Bremshebel auf der anderen Seite, samt Fußrastenanlage mittels Aluminiumplatten flächig in die Verkleidung integriert wird. Um den Großtourer leicht auf den Hauptständer stemmen zu können, verbirgt sich vor dem linken Kofferträger ein klappbarer Aluminium-Hebel.

Zur Serienausstattung des Tourers zählen neben der Gepäckbrücke und Kofferhaltern auch Systemkoffer mit je 33 Liter Volumen. In der Aufpreisliste stehen nur noch ein 30 Liter großes Topcase, Innentaschen für die Systemkoffer, ein Tankrucksack sowie Zylinderschützer.

Die R 1100 RT in der Praxis

Zweifellos werden die Dimensionen der RT beim Rangieren im Stand spürbar. Doch der günstige Schwerpunkt und die kompakte Bauweise rücken sie weit ab von dem, was sich so als Luxustourer made for USA auf der Straße tummelt.

Dies wird um so deutlicher, wenn der Fahrer die RT erstmal ins Rollen gebracht hat. Alle Bedenken bezüglich Gewicht und deren Handhabung verstreuen sich von selbst. Wer abseits der Autobahn mit der RT seinen Spaß sucht, wird nicht enttäuscht: Willig folgt der Brummer auch schmalen Pfaden. Zwar kann die RT im direkten Familienvergleich mit der R 1100 RS nicht verleugnen, daß sie mehr Pfunde mitschleppt, aber unhandlich ist sie deshalb noch lange nicht. Selbst im Innenstadtgewühl macht der Langstreckler eine gute Figur. Daß die Federung wegen des höheren Eigengewichts weicher ausfällt und damit die Schräglagenfreiheit früher endet, dürfte auch nicht verwundern. Dafür vermittelt sie mehr Komfort – und wesentlich flotter, als es die RT zuläßt, läßt es sich auf öffentlichen Straßen guten Gewissens eh nur selten fahren.

Macht die RT gegenüber der sportlichen RS auf der Landstraße gar keine schlechte Figur, so beweist sie auf Autobahnetappen, was sich hinter dem Verkleidungswerk für Detailarbeit verbirgt. Oftmals sorgen die hochgeschlossenen

Fernreisen zu den romantischsten Stränden sind mit dem luxuriös ausgestatteten Tourenmodell kein Problem.

Verkleidungsfronten von Tourern für eine gewisse Sensibilität im Geradeauslauf. Bei der RT verhält es sich genau umgekehrt: Der Fahrer spürt, daß die RT über 150 km/h auf der Vorderhand satter liegt und so an Richtungsstabilität gewinnt. Selbst die RS vermag in dieser Disziplin nicht, der RT das Wasser zu reichen.
Im Hinblick auf die erhöhte Fahrstabilität kann man der RT dann auch verzeihen, daß zugunsten geringerer Seitenwindempfindlichkeit ihre Verkleidungsscheibe im oberen Bereich etwas schmaler gehalten ist, und auch in der höchsten Position leichte Windwirbel an den Schultern des Fahrers auftreten. Daß der RS-Motor im Zusammenspiel mit der leicht gekürzten Endübersetzung kein Schmalhans ist, unterstreichen die Fahrleistungen der RT. Im hausinternen Vergleich mit der Reihen-Konkurrenz, K 1100 LT, hat sie dank günstigerer Aerodynamik bezüglich Spitzentempo sogar die Nase vorn, und zeigt sich in puncto Elastizität wie Sprintfreudigkeit ebenbürtig.

Die Modellpflege
Seit Markteinführung wird die R 1100 RT unverändert angeboten.

Der Nachzügler, R 1200 C

Als Meilenstein in der Motorradhistorie von BMW muß der 6. September 1997, dem Tag der Markteinführung der R 1200 C, gewertet werden. Zum einen, weil sich die Traditionsmarke mit diesem Modell erstmals einem Marktsegment zuwendet, das nicht so recht in die vernunftbetonte Linie der Boxer-Reihe passen will. Zum anderen, weil es in technischer Hinsicht so weit

Mit der R 1200 C postiert BMW erstmals ein Modell im stark wachsenden Segment der Cruiser. Zum Bike gibt's gleich das komplette Lifestyle-Equipment vom Helm bis zu den Hosenträgern.

Vor allem die Farbvariante Schwarz hebt die schön ausgearbeiteten Deatils wie etwa den polierten Alu-Längslenker des Telelevers hervor.

vom berühmten Baukasten abweicht, daß man von einem Boxer-Unikat sprechen könnte. C steht für Cruiser, einer Motorradgattung, die ihren Ursprung in den USA hat, und tourentaugliche Chopper meint. Cruisen ist gemütliches Dahingleiten im großen Gang, ohne ambitionierte Kurvenhatz. Gleichzeitig verkörpert diese Art des Motorradfahrens eine eigene Philosophie, die unter anderem durch ein bestimmtes „Outfit“ Ausdruck findet.

Für BMW-Standards stellt der Cruiser ein Spartenmotorrad dar, die Entscheidung für die Entwicklung ist jedoch durchaus verständlich. Von 1989 bis 1996 stieg ihr Anteil am Gesamtmarkt von 18 auf 33 Prozent, in Deutschland verfünffachte sich deren Bestand von 8000 auf 40.000 Einheiten. Insofern war Dr. Walter Hasselkus, der im Herbst '93 Leiter der Sparte Motorrad bei BMW wurde, leicht als Ziehvater des BMW-Cruisers zu gewinnen. Bereits '94 gab der Vorstand der BMW AG den Startschuß für die Entwicklung der R 1200 C.

Motor

Ein Cruiser, so lehrt das Land der unbegrenzten Möglichkeiten, besitzt ein Zweizylinder-Triebwerk in V-Konfiguration, hilfsweise tut's auch ein V4 – aber bitte mit entsprechend großem Hubraum. Für die Techniker in Weiß-Blau stand indes von Anfang an fest, daß ein Bayern-Cruiser zwei Zylinder haben wird. Und wie ein Zweizylinder nach Münchener Weltanschauung aussieht, steht seit 1923 fest, es muß ein Boxer sein.

Die grundsätzliche Eignung des neuen Vierventilboxers von '93 stand dabei außer Frage. Für Cruiser-Verhältnisse leidet er allerdings unter den Vorgaben seiner Väter: Standen einst Leistung und Drehfreudigkeit im Lastenheft, so will ein stilechter Cruiser Drehmoment im Drehzahlkeller, auch wenn dabei Pferdestärken auf der Strecke bleiben.

Grundsätzlich findet sich der Hort hoher Drehmomentausbeute in großen Einzelhubräumen. Gegenüber dem RS-Motor wuchs deshalb die Bohrung um zwei auf 101,0 Millimeter und der Hub von 70,5 auf 73,0 Millimeter, woraus 1170 cm^3 Hubraum resultieren. Neben der neuen Kurbelwelle, geändertem Motorgehäuse und neuen Kolben, die das Gemisch nur noch auf 10,0 zu 1 (RS 10,7:1) verdichten, bekam der 1200er auch ein- und auslaßseitig drehmomentfördernden Feinschliff. Reduzierte Querschnitte sorgen schon bei niedrigen Drehzahlen für hohe Strömungsgeschwindigkeiten der Gase: Die Ventildurchmesser wurden jeweils um zwei auf 34,0 einlaßseitig beziehungsweise 29,0 Millimeter auslaßseitig verringert. Zudem arbeiten die Nockenwellen mit zahmeren Steuerzeiten (256 statt 300 Grad), und der Ventilhub schrumpfte auf 8,23 Millimeter (RS Einlaß 9,85/ Auslaß 9,4 Millimeter).

Um satte 15 auf 35 Millimeter schwanden die Saugrohrdurchmesser und Drosselklappenstutzen. Letztere sind miteinander gekoppelt und in die Ansauganlage integriert, was den Einbau einer automatischen Kaltstartanhebung ermöglichte, der Chokehebel nach RS-

Manier wird so überflüssig. Auf der Auslaßseite sorgt schließlich eine Edelstahlauspuffanlage mit kurzen Endtöpfen dafür, daß die Modifikationen an den Gaswechselorganen auch gesetzeskonform in kernigen Sound umgesetzt werden. Um den berühmten Blaustich zu vermeiden, sind die Krümmer doppelwandig ausgeführt, und im Vorschalldämpfer findet ein serienmäßiger Dreiwege-Katalysator Platz.
61 PS Spitzenleistung sind zwar nicht die Welt, wenn sie allerdings bereits bei moderaten 5000 Umdrehungen der Kurbelwelle galoppieren, kann man sich vorstellen, welch Drehmomentberge dabei aufgehäuft werden. 3000 Touren reichen, um sich als Herr über 98 Nm Spitzendrehmoment zu fühlen. Beeindruckender ist jedoch der Drehmomentverlauf: Zwischen 2500 und 4500/min befindet sich der C-Motor auf einem Drehmoment-Hochplateau von über 90 Nm. Der nutzbare Bereich mit kräftig Drehmoment und Leistung erstreckt sich zwischen 1500 und 6500 Touren. Im Prinzip reicht für das Bummel-Tempo in der Stadt und die Höchstgeschwindigkeit von knapp 170 km/h immer der fünfte Gang. Das allein sollte für den Cruiser-Treibsatz aber noch nicht alles sein: Zudem verpaßten die Techniker dem 1200er eine größere Schwungmasse, damit der Boxer bereits knapp über Standgasdrehzahl sauber rund läuft.

Getriebe/Kardan

Nach bekannter BMW-Manier erfolgt die Kraftübertragung direkt auf die Einscheiben-Trockenkupplung, die als Novum hydraulisch betätigt wird. Dabei verringerte sich ihr Durchmesser gegenüber der RS um 15 auf 165 Millimeter. Eine Neukonstruktion stellt zudem das Cruiser-Getriebe dar: Es basiert auf der für die K 1200 RS entwickelten 6-Gang-Box, kommt jedoch mit fünf Schaltstufen aus (3,86/3,02/2,39/1,90/1,51). Dabei wurde die Übersetzung des letzten Gangs so gewählt, daß das Drehzahlniveau des Motors beim Cruisen zwischen 80 und 120 km/h möglichst im Bereich des höchsten Drehmoments liegt. Gegenüber den übrigen R-Modellen fällt das Getriebe kompakter aus, da die Hinterradschwinge nicht im Getriebegehäuse lagert.
Der Antrieb des Hinterrades erfolgt nach bekanntem Muster via Kardanwelle mit zwei Kreuzgelenken im hohlen Holm der Schwinge. Der Endantrieb mittels Kegel- und Tellerrad weist eine Übersetzung von 2,54 zu 1 auf.

Fahrwerk

Scheuten sich die Techniker schon nicht, beim Motor ans Eingemachte zu gehen, um der Philosophie eines waschechten Cruisers gerecht zu werden, so gilt das ebenso fürs C-Fahrwerk. Zwar finden auch die revolutionären RS-Ideen weiter Anwendung, allerdings derart modifiziert, daß von einem Baukasten kaum mehr die Rede sein kann.
Versteckt sich bei allen anderen Vierventil-Boxern der vordere Aluminium-Hilfsrahmen unterm Tank und der Verkleidung, so dominiert er beim Cruiser die Optik. Die Form des Alu-Gußstücks hat sich indes total verändert. Einem Brückenrahmen ähnlich, erstrecken sich zwei Schenkel vom Steuerkopf bis zum Motorgehäuse oberhalb der Zylinder. Die kräftigen Profile der Leichmetallkonstruktion sind von Luftein- und -auslaßöffnungen durchbrochen, hinter denen sich die seitlich angeordneten Ölkühler des Triebwerks verbergen.
Stark modifiziert präsentiert sich auch der hintere Hilfsrahmen aus Stahlrohr. Zwar kommt dem C-Triebwerk weiterhin tragende Funktion zu, allerdings muß die oberhalb der Zylinder und unten am Getriebegehäuse verschraubte Heckkonstruktion robuster ausfallen. Sie dient nicht nur zur Abstützung des Zentralfederbeins, sie nimmt darüber hinaus die Lagerung der Hinterradschwinge auf.
Die Vorderradführung der C entspricht funktionell dem der übrigen R-Modelle. Im Hinblick auf Design und Geometrie wurde sie jedoch stark modifiziert. Die Gabel des Telelevers mit kippentkoppelter Lagerung für die ultralangen Lenkerhälften arbeitet wie gewohnt mit 35er Standrohren. Der Längslenker wuchs jedoch in die Länge und besteht aus zusammengeschweißten Aluminiumteilen mit „gebürsteter" Oberfläche. Zwischen vorderem Hilfsrahmen und Längslenker sitzt ein neues Zentralfederbein Schraubenfeder und Einrohr-Gasdruckstoßdämpfer, das im Einklang mit der Schwingenkinematik des Telelevers 144 Millimeter Federweg an der Radachse zur Verfügung stellt.
Die einarmige Hinterradführung stellt eine Reminiszenz an die alten Zweiventil-Boxer dar. Erstmals kam die als Monolever bezeichnete Hinterradschwinge der R 80 G/S von 1980 zum Einsatz. Im Gegensatz zu den übrigen R-Modellen mit aufwendiger Paraleverschwinge kommt aus optischen Gründen die Low-tech-Variante des Monolevers zum Einsatz. Im Vergleich zur Einarm-Urform ist das fünffach vorspannbare

Federbein mit Einrohrdämpfer allerdings nicht seitlich am Schwingenholm, sondern zentral am Gußstück hinter der Lagerachse angelenkt. Um zumindest einen Teil der Antriebsmomente zu dämpfen, wurde die Einarm-Schwinge im Vergleich zur Paraleverkonstruktion um 90 Millimeter verlängert. Außerdem sorgt die Verringerung das Federwegs auf 100 Millimeter dafür, daß sich die Heckpartie bei Lastwechseln manierlich benimmt.
Geradezu gigantische Dimensionen offenbaren die Geometriedaten des neuen C-Fahrwerks. Bei Cruiser-gemäßen 60,5 Grad Lenkkopfwinkel und erstaunlich knappen wie kurvenfreudigen 86 Millimetern Vorderradnachlauf, erstrecken sich zwischen Vorder- und Hinterachse unendliche Weiten von 1650 Millimetern (RS 1473 mm). Der riesige Radstand sorgt nicht nur für unbeirrbaren Geradeauslauf, sondern auch für Cruiser-gerechte Unterbringung des Fahrers. Das lange Fahrwerk ermöglicht eine nach hinten verlagerte und nur 740 Millimeter hohe Position des Fahrersitzes bei gleichzeitiger Vorverlegung der Fußrasten.

Auch wenn das Fahrwerk der R 1200 C prinzipiell auf dem der R 1100 basiert, so haben sich's die Ingenieure nicht einfach gemacht: Das vordere Alu-Rahmenteil mit den seitlichen Öffnungen für die Ölkühler ist ebenso neu wie der Längslenker – erstmals aus Aluminium. Zudem dient der hintere Hilfsrahmen zur Lagerung der Schwinge.

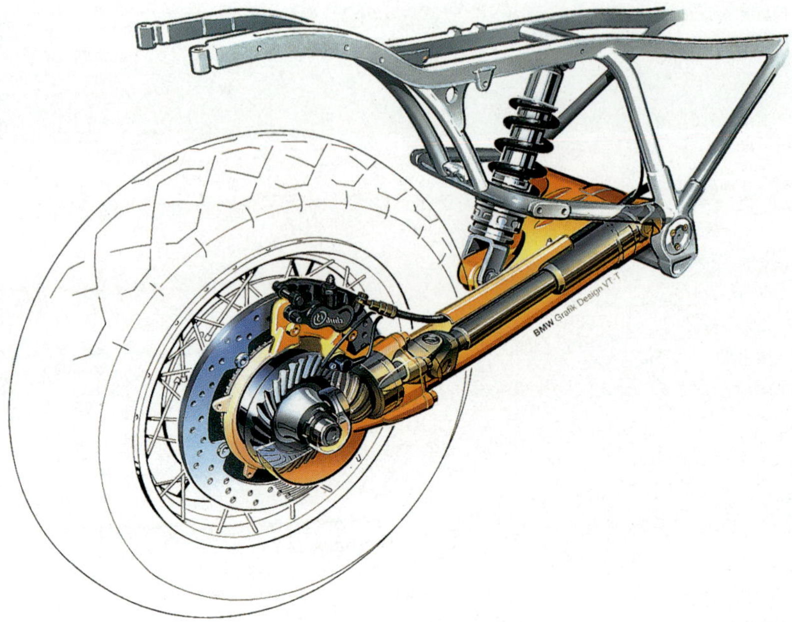

Im Gegensatz zur High-Tech-Paralever-Schwinge mit Momentabstützung kommt für den Cruiser die alte Monoleverkonstruktion zum Einsatz.

Räder/Bremsen

Für eine der Cruiser-Optik angepaßte Radwahl konnten die Ingenieure auf bewährte Technik zurückgreifen. Die solide Kreuzspeichenradkonstruktion, bei der die Naben mit den Stegen am Felgenaußenrand verspannt werden, bieten den Sicherheitsvorteil, schlauchlose Reifen montieren zu können. Die hochglanzverchromten Räder der C präsentieren sich in Cruiser-Optik, vorne schmal und hinten breit. Auf der 2,50 mal 18 Zoll großen Frontfelge sitzt ein Reifen der Dimension 110/90-18, während sich auf der 4,00 mal 15 Zoll großen Felge des Hinterrades ein Schlappen im Format 170/80-15 breit macht.

Sorgen schon Katalysator und Telelever für eine gewisse Sensation im Cruiser-Marktsegment, so muß das erst recht für die Bremsanlage der R 1200 C gelten. Im Gegensatz zu den eher zurückhaltend ausgestatteten Konkurrenzmodellen strotzt die C mit den äußerst wirksamen Frontstoppern der 1100 RS und der Hinterradbremse der R 1100 GS. Zudem läßt sich diese Technik auch noch mit dem als Sonderzubehör erhältlichen Antiblockiersystem toppen.

Ausstattung

Hochglanzchrom an Rädern und Accessoires gehört zu den allgemeinen Stilelementen eines Cruisers. Daß BMW darüber hinaus eine eigene Linie im Auge hatte, spiegeln neben bemerkenswerten technischen Finessen die weit über üblichen Qualitätsstandards rangierenden Details wider. So werden

nicht nur sämtliche Aluminium-Teile oberflächenbehandelt, sondern auch die Blechteile sind von gehobener Qualität. Sowohl der ins Aluminium des Vorderrahmens integrierte 17-Liter-Tank als auch die Rad- und Seitenabdeckungen bestehen aus verzinktem, mehrfach lackiertem Material. Der sattelförmige Fahrersitz, das Soziussitzpolster und die Lenkergriffe sind mit wetterbeständigem Leder bezogen, dessen Farbe sich nach der Grundlackierung des Fahrzeugs richtet.
Abgesehen von einstellbaren Hebeln für Kupplung und Bremse verkörpert das Cockpit Motorrad pur: Auf einen Drehzahlmesser kann die R 1200 C mit ihrer Dampfmaschinencharakteristik ganz verzichten. Neben dem klassisch gestylten Tacho mit Öldruckkontroll- und Kraftstoffreserveleuchte befinden sich, in einer Aluplatte integriert, die Kontrolleuchten für Blinker, Fernlicht und Batterieladung, nebst zwei Positionen fürs ABS.
Zu den technischen Gimmicks mit funktionalem Charakter darf das serienmäßige Soziussitzbrötchen zählen: Zieht der Fahrer an einer federbelasteten Verriegelung, wird aus dem Soziussitz nicht nur eine neigungsverstellbare Rükkenlehne, sondern unter dem Sozius wird eine kleine Gepäckbrücke aus Alu sichtbar.
Daß die R 1200 C nicht nur optische Schmankerl, sondern auch modernste Technik aufweist, verkörpern nicht allein Fahrwerk und Motor. Im Detail machen das auch die überarbeiteten Schaltereinheiten an den Lenkerenden und eine umfangreiche Elektronik deutlich. Die R 1200 C verfügt über einen Diagnosestecker, an dem mittels eines mobilen Diagnose-Testcomputers gespeicherte Daten über eventuelle Fehlfunktionen, die während des Betriebs in der Elektronik aufgetreten sind, abgerufen werden können, was Wartungs- und Reparaturzeiten der serienmäßig 256 Kilogramm schweren R 1200 C verringert.
Wie üblich, bietet BMW auch für die R 1200 C neben dem bereits erwähnten ABS ein umfangreiches Sonderausstattungspaket an: Wem der Serienlenker doch zu hoch geraten ist, kann auf eine flachere Variante ausweichen. Für den Sozius gibt's einen komfortableren Sitz und eine Haltereling, und das Gepäck findet in stilechten Ledertaschen Platz, die an den integrierten Trägern neben dem Hinterrad Halt finden. Dazu gibt's noch einen passenden Tankrucksack sowie eine Gepäckrolle aus Canvas-Ware mit Lederapplikationen.
Mit heizbaren Lenkergriffen und einer Steckdose läßt sich die Bordelektrik aufwerten, während eine kleine Schutzscheibe für gewissen Windschutz sorgt. Um den Schutz des Motors im Falle des Falles kümmern sich verchromte Bügel.
Und wen der Cruiser-Bazillus nun befallen hat, der kann sich dann auch lifestyle-mäßig in Schale werfen. Ein komplettes Bekleidungsprogramm vom Staubmantel über kerniges Leder bis hin zu Jeans-Kleidung mit integrierten Protektoren läßt keine stilechten Wünsche offen. Und auch im persönlichen Bereich muß niemand auf das neugewonnene Lebensgefühl der unendlichen Weiten verzichten: Von der Taschenuhr übers Freiheit-und-Abenteuer-Feuerzeug bis hin zu Hosenträgern und Krawattennadel dokumentiert der Cruiser seine markentreue Lebensphilosophie.

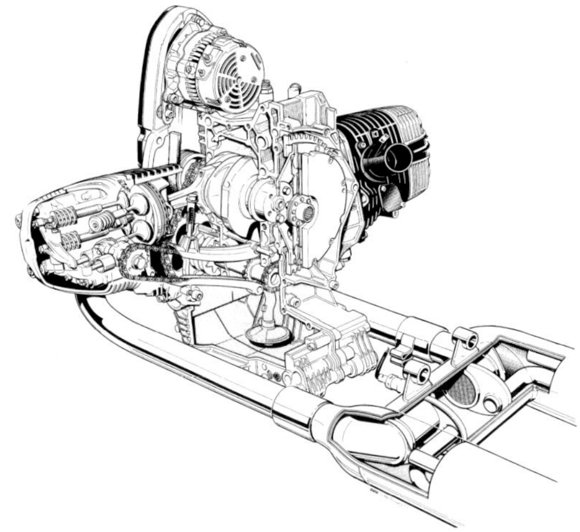

Das Triebwerk des Cruisers weicht sowohl hinsichtlich der Bohrung und des Hubs als auch bezüglich der Atmungsorgane erheblich vom 1100er ab.

Die R 1200 C in der Praxis

Ob in lifestyle-gerechtem BMW-Outfit oder in ordinärer Otto-Normalfahrer-Motorradkluft, die R 1200 C ist ein Erlebnis. Das fängt schon beim Rangieren an, wobei sich der Fahrer angesichts des riesigen Lenkergeweihs des Gefühls nicht erwehren kann, daß er auf das irgendwo in weiter Ferne liegende Vorderrad nur begrenzten Einfluß ausübt. Und dieses etwas indirekte Lenkgefühl begleitet ihn auch die ersten Cruiser-Kilometer, um so eindringlicher, wenn die Straße naß ist, und ein möglichst direktes Feedback vom Vorderrad nötig wäre. Die Option des kürzeren Lenkers ist also durchaus berechtigt. Läßt die Lenkeranordnung anfangs ein wenig Nestwärme ver-

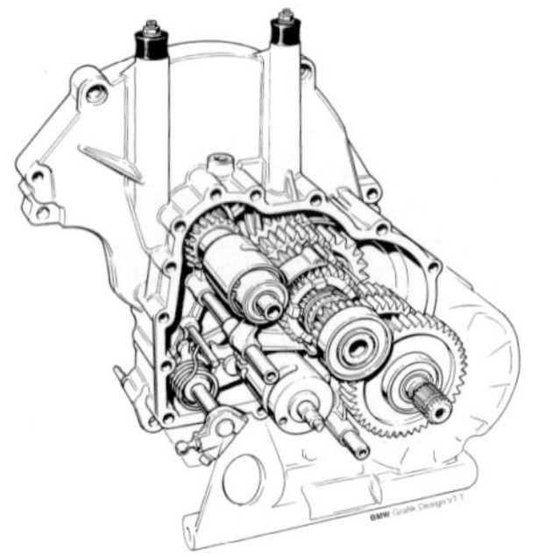

Mit dem neuen Motorgehäuse bekam die 1200 C auch ein neues Getriebe mit kompakterem Gehäuse verpaßt, da die Schwinge nicht mehr im Getriebe lagert.

missen, so fühlt sich der Cruiser im Sattelleder wie in Abrahams Schoß gebettet. Nur wenig mehr als 70 Zentimeter trennen den Fahrersitz vom Boden, das beruhigt, selbst wenn Sattel und Tank, zumindest beim Rangieren im Stand, eine Spur zu breit geraten scheinen. Hat der Fahrer jedoch erstmal die für BMW-Verhältnisse ungewohnt weit vorn postierten Rasten mit den Füßen ertastet, paßt die Sache klasse. Der „Cruiser" lümmelt stilecht mit dem Rücken leicht nach hinten gelehnt im Motorrad.

Feinfühlig reagiert das Telelever auf feinste Unebenheiten und macht durch deutliche up-and-downs beim Lastwechsel deutlich, daß es mit einer fast überreichlichen Portion Negativfederweg gesegnet wurde. Beim Bremsen spielt das jedoch keine Rolle, weil das RS-erprobte Telelever auch an der 1200er mit extremem Nickausgleich arbeitet. Angesichts mächtiger Vierkolben-Zangen ein angenehmes Gefühl. Die Fahrstabilität bleibt erhalten, selbst wenn der Fahrer nachdrücklich in die Bremsen langt.

Während die Vorderradführung beim Gaswechsel tüchtig arbeitet, glänzt die Hinterradführung mit überraschender Reaktionsarmut. Dank ellenlanger Schwinge und kurzem Federweg hinten tut sich nicht allzu viel, von störenden Antriebsreaktionen klassicher Boxerzeiten kann kaum die Rede sein. Allerdings tut sich auch nicht allzu viel, wenn Unebenheiten unter die Heckwalze geraten. Das Federbein gibt recht trocken Schläge weiter. Vor allem bei kurz aufeinanderfolgenden Buckeln trampelt die C mit dem Heck. Eine Eigenart, die man getrost unter Cruiser-Feeling einordnen darf, echte Chopper kommen ja sogar mit einem Starrahmen aus.

Stilecht in Szene setzt sich die R 1200 C auch mit ihrem unbeirrbaren Geradeauslauf. Selbst das wegen des großen Lenkers unzureichende Gefühl für die Vorderhand ändert nichts an der Tatsache, daß die C mit ihren 1,65 Metern Radstand selbst bei Top-Speed von knapp 170 km/h und Seitenwind wie eine Trambahn rennt, auch wenn Längsrillen nicht ganz ohne Mucken von der 1200er überrannt werden. Angesichts des langen Radstands ist den BMW-Technikern das akzeptable Handling der R 1200 C besonders hoch anzurechnen. Zwar kann die Fuhre in engen Ecken oder im Stadtverkehr ihre stattliche Länge und die im Vergleich zu Cruisern mit besonders tief angeordnetem V-Motor den etwas höheren Schwerpunkt nicht verleugnen, aber alles in allem folgt sie sehr willig den Befehlen des Fahrers. Ein nicht zu zaghafter Zug am Lenkerende, und der Cruiser fährt auch Kurven und das sehr neutral, wenn der mächtige 1200er unter Last gehalten wird.

Gerade das Spiel mit dem Gasgriff vor der Kurve verrät, wie umfangreich die Änderungen am Triebwerk ausgefallen sind. Im Vergleich zur RS hängt die C nicht nur träger am Gas, es ist auch praktisch unmöglich, den Motor zu überdrehen. Auf dem Weg ins Drehzahloberstübchen riegelt er immer stärker ab. Die größeren bewegten Massen im Triebwerksinneren treten durch deutlicheres Kippen des Motorrades um die Längsachse zu Tage. Hektische Gangwechsel bringen nur Unruhe ins Fahrwerk aber keinen Zeit- oder Lustgewinn. BMWs R 1200 C verkörpert kompromißlos Cruiser-Philosophie: Das riesige Leistungsband ausschöpfen und im fünften Gang ohne Drehzahlschwankungen durch die Kurven ziehen. Hier ist die 1200er in ihrem Element. Im Vergleich zur RS macht bereits das härtere, kernigere Ansauggeräusch klar, daß ihre Welt die Drehmomentberge und nicht die Drehzahlen sind. Ab 30 bis 40 km/h kommt der letzte Gang als Universalfahrstufe zum Einsatz. Sonor blubbernd schiebt die C auch unter 2000 Touren kräftig an.

Die spürbaren Triebwerksschwingungen, die im unteren Drehzahlbereich charakteristisch und stilecht zum Cruiser-Feeling passen, machen sich erst bei unpassenden Parforce-Jagden über längere Autobahnetappen als unangenehme Vibrationen in Lenkerenden und Fußrasten bemerkbar. Eigentlich schade, denn dank der tiefen Sitzposition und der relativ hoch angeordneten Instrumente genießt der Fahrer einen gewissen Windschutz, der sogar hohe Dauergeschwindigkeiten zuläßt. Allerdings muß man zugeben, daß das R-Programm für derartige Einsätze tauglichere Alternativen zu bieten hat.

Die Wiedergeburt des Einzylinders, F 650

Entwicklung

In den 70er und 80er Jahren bildeten „die kleinen“ Boxermodelle mit 450 beziehungsweise 650 cm^3 Hubraum die Einsteigerklasse im BMW-Programm. Abgesehen davon, daß diese Typen nie die Aura ihrer großvolumigeren Geschwister besaßen, zeigten sie auch, daß das Boxer-Baukastenprinzip für eine Abrundung nach unten Grenzen aufwies. Die Produktionskosten ließen kaum Raum für deutlich abgesetzte Verkaufspreise.
Aus denselben Gründen ließ sich auch eine hubraumschwächere Einstiegsvariante bei der Entwicklung der Vierventil-Boxerbaureihe nicht berücksichtigen, zumal die Kapazitäten für weitere Projekte nicht ausgereicht hätten.
Für die Entwicklung eines preiswerten Einsteigermotorrades mußten somit in wirtschaftlicher, entwicklungs- wie produktionstechnischer Hinsicht vollkommen neue Wege eingeschlagen werden. Dabei sollten sich im Nachhinein Beziehungen zum italienischen Motorradhersteller Aprilia als äußerst dankbar erweisen. Zwischen BMW und Aprilia in Noale gab es bereits 1989 Überlegungen im Hinblick auf eine vertriebstechnische und technologische Zusammenarbeit, die wieder verworfen wurden. Aber im Sommer 1990, anläßlich einer Werksbesichtigung von BMW-Vertretern bei Aprilia, wo gerade an der Pegaso 650 gearbeitet wurde, entstand schließlich die Idee vom einzylindrigen Funbike als BMW-Einsteigermodell.
Eine vergleichsweise leichte und damit agile

Design-Entwürfe von Martin Longmore, Herbst 1991.

Erste Dauererprobung mit Prototypen.

Einzylinder-Enduro wäre die passende Programmabrundung nach unten, insofern Technik und Optik die Akzeptanz als echte BMW gewährleisten würden.

Letzteres forderte von der Entwicklung ganz neue Vorgehensweisen, weil von Anfang an klar war, daß der Single aus Kosten- und Kapazitätsgründen nicht im Berliner Werk sondern bei Aprilia in Noale produziert werden sollte. Das bedeutete aber auch, daß das neue BMW-Modell ein gesamteuropäisches Projekt würde. Denn Aprilia setzt schon seit 1980 die Lean production kompromißlos im Fahrzeugbau um. Nur Entwicklung und Endmontage erfolgen im Werk, die Fertigung der einzelenen Komponenten aber erfolgt durch Zulieferer außer Haus.

Nachdem entsprechende Angebote von Aprilia und Motorenlieferant Rotax in Österreich, der auch den Pegaso-Antrieb baut, die Wirtschaftlichkeit der Entwicklung nachgewiesen hatten, erfolgte unter Leitung des Diplom-Wirtschaftsingenieurs Gerd Kandziora von der BMW Motorrad GmbH im Mai '91 der Startschuß für das Projekt E 169, das in zweieinhalb Jahren abgeschlossen werden sollte. In der Folgezeit arbeiteten jeweils nur zwei bis drei Mitarbeiter von Aprilia, BMW und Rotax ständig an der E 169, bekamen jedoch jeweils für die Komponenten-Entwicklung Schützenhilfe aus den zuständigen Fachabteilungen.

Im Juni '91 gab endgültig der Vorstand der BMW AG grünes Licht, worauf das Lastenheft der E 169 erstellt wurde. Im Herbst des selben Jahres erhielt der Design-Vorschlag von Martin Longmore den Zusschlag. Grundlage seines Konzepts ist die weitgehende Integration des Fahrers ins Motorrad und runde Formen für die Karosserieabdeckungen. Ein Modell im Maßstab 1 zu 1 war bis Januar '92 aufgebaut.

In technischer Hinsicht wurde BMW-typisch besonderer Wert auf Touren- und Soziustauglichkeit gelegt. Beim Rahmen verzichtete man auf Aluminium-Bauteile und setzte auf eine Konstruktion aus Blechformteilen und Vierkantrohren. Die Federelmente stammen aus Japan, von Showa, einem Zulieferer, dessen Bauteile sich schon an der R 100 R sowie den neuen Boxermodellen bewährt hatten. Und Bremsenlieferant Brembo steuerte für das Projekt E 169 eine Neuentwicklung bei.

Erhebliche technische Änderungen gegenüber dem Pegaso-Triebwerk hatten die Ingenieure Motorenlieferant Rotax ins Lastenheft geschrieben. Bezüglich Laufruhe und Standfestigkeit sollte der Kurbeltrieb statt Rollen- Gleitlager bekommen. Leistungs- und Emissionsverhalten ließen zudem einen dohc-Vierventilkopf mit Doppelzündung sinnvoller erscheinen, als die 5-Ventil-Variante der Pegaso. Und für die Gemischaufbereitung sollten zwei Mikuni-Vergaser sorgen. Bei all' den Änderungen war Eile geboten, weil die Werkzeugherstellung erheblichen Vorlauf beanspruchte.

Als am 5. Juni '92 die Kooperationsverträge zwischen BMW, Aprilia und Rotax in München feierlich unterzeichnet wurden, liefen bereits das neue Triebwerk aus Sandgußteilen und das neue Fahrwerk als Prototypen in der Erprobung. Im Sommer gingen zwei Prototypen der Entwicklungsstufe II auf Dauererprobung, wobei sich nach einem Meßprogamm auf dem Münchner Testgelände die Dauertest-Mannschaften von Aprilia und BMW ablösten.

Mit sieben weiteren Prototypen der dritten Ausbaustufe schloß sich im November eine weitere Dauererprobung aller Versuchsmannschaften auf Sizilien an. In dieser Phase war der Stand der Serienvorbereitung schon so weit gediehen, daß Fahrwerks- und Karosseriekomponenten aus werkzeugfallenden Teilen bestanden, und die Druckgußsegmente der Motoren ihren endgültigen Stand erreicht hatten. Zwecks Qualitätssicherung der Serienvorbereitung war ein BMW-Ingenieur aus dem Berliner Werk für mehrere Jahre nach Italien versetzt worden.

Während der letzten Dauererprobung lief bei Rotax in Gunskirchen die erste Motoren-Vorserie an. Und ab März '93 konnten den Zulassungsvorschriften entsprechende Maschinen auf eine kundennahe Felderprobung geschickt werden. Dabei wurden die Fahreindrücke rasch wechselnder Mitarbeiter aus allen BMW-Konzernbereichen auf festgelegten Teststrecken protokolliert.

Mit einer serienabsichernden Dauererprobung wurde im Sommer '93 das Entwicklungsprojekt E 169 erfolgreich abgeschlossen, so daß im September des Jahres die ersten BMW-Einzylinder termingerecht vom Band liefen.

Als die BMW F 650 im September '93 auf der Internationalen Automobilausstellung in Frankfurt ihre Weltpremiere feierte, sorgte sie nicht nur in der Fachpresse für Erstaunen. Eine BMW, die keine der üblichen Markenstan-

Montage und Montagehalle bei Aprilia.

Die für '97 überarbeitete Ausführung der F 650 mit höherer Verkleidung.

dards aufwies, damit hatte eigentlich niemand gerechnet. Die Abkehr von Boxermotor und Kardan war technisches Indiz für eine offensive Politik im Hause BMW, wo man sich dem jugendlichen Marktsegment flotter Enduros für Straßen- und gemäßigten Geländebetrieb zuwandte. Das war mindestens ebenso sensationell wie das am Anfang des Jahres präsentierte Jahrhundertwerk „Neuer Boxer".

Objektiv betrachtet stellt die F 650 allerdings nichts anderes dar als die Umsetzung alter Ideen in die Neuzeit. Zwischen 1925 und 1966 wurden immerhin 230.000 Einzylinder von 200 bis 400 cm³ Hubraum produziert. Insofern verkörpert auch der Single bei BMW ein Stück Tradition.

Motor
Während die neuen Vierventil-Boxer von BMW mit ihren hochgelegten Nockenwellen und der Fahrtwind-/Ölkühlung noch die Suche nach dem besten Kompromiß zwischen traditionellen Werten und High-Tech-Anspruch erkennen lassen, weist der Leichtmetall-Single alle Insignien modernsten Triebwerksbaus auf. So sorgt ein großdimensionierter Flüssigkeitskühler mit thermostatisch geregeltem Pumpenumlauf und elektrischem Lüfter am vorderen Rahmenzug nicht nur dafür, daß der Motor keinen thermischen Belastungsspitzen ausgesetzt wird. Auch die Warmlaufphase fällt kürzer und verschleißmindernd aus. Ganz abgesehen davon, daß der Motor bei Zwischenstopps nicht so schnell auskühlt und seine Betriebstemperatur länger hält.
Unter dem Ventildeckel, der mittels Gummilippendichtung mit entsprechender Verschraubung schwingungsentkoppelt verschraubt wird, verbirgt sich der drehzahlfeste Ventiltrieb mit zwei obenliegenden, gleitgelagerten Nockenwellen. Sie betätigen jeweils zwei 36,0 Millimeter große Ein- und zwei 31,0 Millimeter große Auslaßventile direkt über Tassenstößel mit obenliegenden Einstell-Shims, der Ventilwinkel beträgt jeweils 20 Grad. Am rechten Ende der Auslaßnockenwelle sitzt ein fliehkraftgesteuerter Ventilausheber, der dem Anlasser automatisch die Arbeit erleichtert. Der Nockenwellenantrieb erfolgt via Hülsenkette vom linken Kurbelwellenstumpf aus. Sie läuft im Steuerkettenschacht von zwei Polyamidschienen geführt, wobei die hintere Führung von einem hydraulischen Spanner beaufschlagt wird.
Der Leichtmetall-Zylinder mit 100,0 Millimeter Bohrung weist zwecks Reibungs- und Verschleißminimierung eine Nickel-Silizium-Beschichtung auf. Der Kastenkolben aus Leichtmetallguß trägt zwei Kompressions- und einen Ölabstreifring. Auf dem 83,0 Millimeter (Hubraum 652 cm^3) langen Weg zwischen unterem und oberem Totpunkt verdichtet er das Treibstoff-/Luftgemisch im dachförmigen Brennraum auf 9,7 zu 1.
Die Übertragung der Verbrennungskraft vom Kolben übernimmt ein geschmiedetes, gleitgelagertes Stahlpleuel. Das geschlossene untere Pleuelauge stellt die Verbindung zum Hubzapfen der Kurbelwelle aus nitriertem Stahl her. Die aus Einzelteilen zusammengepreßte Welle weist – für Einzylinder untypisch – in den Hälften des vertikal geteilten Motorgehäuses Gleitlager auf. Auf dem linken Kurbelwellenstumpf sitzt neben dem Antriebsritzel der Steuerkette weiter außen das geradeverzahnte Stirnrad des Primärantriebs. Vom rechten Kurbelwellenstumpf aus wird die vor der Kurbelwelle angeordnete, in Rillenkugellagern geführte Ausgleichswelle über Stirnräder im Verhältnis 1 zu 1 angetrieben. Dabei gleicht das als Verspannzahnrad ausgeführte Stirnrad der Ausgleichswelle Zahnflankenspiel aus, um Laufgeräusche zu minimieren. Mit ihrem linken Ende treibt die Ausgleichswelle per Verzahnung die Kühlflüssigkeitspumpe an, die vorn im linken Motorgehäusedeckel gelagert ist. Über der Ausgleichswelle sitzt in einem separaten Gehäuse der Anlasser, der per Zahnradfreilauf am rechten Kurbelwellenende angreift. Am äußeren Ende des rechten Kurbelstumpfs findet die 12 Volt/280 Watt Drehstromlichtmaschine ihren Platz.
Die Schmierung des Einzylinders erfolgt nach dem Trockensumpfprinzip mittels zweier Ölpumpen, wobei eine Saugpumpe das in den Sumpf abtropfende Öl zum Vorratsbehälter zurückfördert, und die Druckpumpe alle Schmierstellen versorgt sowie den Kolbenboden mit Spritzöl kühlt. Ebenfalls mit abgeschleudertem Spritzöl wird das Getriebe geschmiert. Der Ölvorrat von rund 1,5 Litern befindet sich im Rahmenoberteil hinter dem Steuerkopf. Geringe Bauhöhe wegen des Verzichts auf eine Ölwanne und bessere Kühlung des Schmierstoffs sprechen für dieses Prinzip.

Gemischaufbereitung/Zündanlage
Für die Gemischaufbereitung zeichnen zwei Mikuni-Gleichdruckvergaser mit 33 Millimeter Durchlaß verantwortlich. Mit Ausnahme des im linken Vergaser untergebrachten Kaltstartsystems, das vom linken Lenkerende aus betätigt wird, sind beide Vergaser baugleich. Aus einem 6,5 Liter großen Luftfilterkasten mit auswaschbarem Filterelement, in den auch die Motorentlüftung mündet, beziehen sie beruhigte Ansaugluft.
Gelangt das Benzin-/Luftgemisch in den dachförmigen Brennraum, wird es von zwei Kerzen gezündet. Der Vorteil der Doppelzündung liegt darin, daß sich die Flammwege verkürzen und mit weniger Vorzündung gefahren werden kann. Daraus resultiert eine effektivere Verbrennung im Teillastbereich, was den Schadstoffausstoß reduziert. Die kennliniengesteuerte, kontaktlose Kondensatorzündung verfügt über eine

Dank der bequemen, aufrechten Sitzposition taugt die F 650 auch für Fernreisen.

elektronische Zündrückschlagregelung und ermittelt elektronisch den drehzahlabhängigen Zündzeitpunkt.

Um eine gesetzeskonform gedämpfte Entsorgung der Abgase kümmert sich eine zweiteilige Edelstahl-Auspuffanlage. Dabei bilden die beiden Krümmer und das Sammlerstück ein Bauteil, das in den Endschalldämpfer mit 7,5 Liter Volumen mündet.

Mit 48 PS Spitzenleistung bei 6500/min und 57 Nm Drehmoment bei 5200 Touren katapultiert sich das neue F-Triebwerk in die Spitzengruppe der Einzylinder-Enduros. Natürlich gibt es beim neuen BMW-Einsteiger-Motorrad auch eine stufenführerscheingerechte Leistungsvariante. Mittels verengter Ansaugstutzen wird die Leistung des F-Motors auf 34 PS bei 5700/min gedrosselt, während das Drehmoment auf 48 Nm bei 4200 Touren sinkt.

Getriebe/Endantrieb

Im Gegensatz zu den Boxer-Aggregaten weist das Getriebe des F-650-Einzylinders kein separates Gehäuse auf. Vom Primärtrieb am linken Kurbelwellenstumpf erfolgt die Kraftübertragung auf eine mechanisch betätigte Naßkupplung mit sieben Reibscheiben, die unter dem linken Gehäusedeckel liegt. Hinter dem mit Ruckdämpfern ausgestatteten Kupplungskorb sitzt das korrespondierende Zahnrad des Primärtriebs (Übersetzungsverhältnis 1,95 zu 1). Von der Kupplung gelangt die Kraft auf ein Zweiwellen-Fünfganggetriebe, das von drei Schaltklauen betätigt wird. Auf der Getriebeausgangswelle sitzt rechts ein Ritzel, das die Kraft via O-Ring-Rollenkette im Format 5/8 x 1/4

Zoll aufs hintere Kettenrad (Übersetzungsverhältnis 2,93 zu 1) überträgt. Um Belastungsspitzen zu dämpfen, lagert der Kettenradträger mit Gummielementen in der Radnabe.

Fahrwerk

Dem Stand der Technik entsprechend, im Vergleich zu den Boxermodellen aber konservativ, präsentiert sich das Fahrwerk der F 650. Der aus Vierkantstahlrohren und hinter dem Steuerkopf (Ölvorratsbehälter) sowie im Bereich der Schwingenaufnahme aus Blechformteilen zusammengeschweißte Rahmen mit einem Steuerkopfwinkel von 62 Grad bildet eine Einschleifenkonstruktion, an die ein gegabelter Unterzug angeschraubt ist. Das Triebwerk übernimmt im Verbund mittragende Funktion.

Als Vorderradführung dient eine nicht einstellbare Teleskopgabel der japanischen Marke Showa mit Stabilisator und 41 Millimeter starken Standrohren. Sie ermöglicht einen Federweg von 170 Millimetern, wobei sich die Achsaufnahmen vor den Tauchrohren befinden. Kegelrollenlager übernehmen die Führung des Gabeljochs im Steuerkopf.

Das Hinterrad übernimmt eine aus Blechformteilen zusammengeschweißte Zweiarmschwinge. Ihre Schwingarme weisen ein dem Kräfteverlauf angepaßtes Deltabox-Profil auf. Die beidseitig in Nadellagern geführte Schwinge stützt sich über ein Zentralfederbein am Rahmen ab. Das Federelement weist eine von außen zugängliche hydraulische Federvorspannung auf, die sich mittels Drehknebel 40fach justieren läßt. Zudem kann die Zugstufendämpfung des Federbeins per Kreuzschlitzschraube oberhalb des unteren Federbeinauges stufenlos eingestellt werden. Während sich das obere Auge des Zentralfederbeins an einer Querverstrebung der seitlich geführten hinteren Rahmenzüge hinter dem Motor abstützt, ist das untere Auge über eine progressiv wirkende Umlenkhebelei unter der Schwingarm-Querverstrebung angelenkt. Der Federweg des Hinterrades beträgt 165 Millimeter.

Wie sich aus den für reinrassigen Geländeeinsatz zu knapp bemessenen Federwegen ergibt, wurde bei der Konzeption der F 650 die Eignung für den Straßeneinsatz mindestens gleichwertig eingestuft. Entsprechend sieht auch die Gesamtgeometrie des Fahrwerks aus: 62 Grad Lenkkopfwinkel, 116 Millimeter Vorderradnachlauf und 1480 Millimeter Radstand eignen sich bestens für den Straßenbetrieb und werfen beim Geländeeinsatz keine Probleme auf.

Räder/Bremsen

Die konventionell verspannten und daher nur für den Betrieb mit Schlauch geeigneten Akront-Drahtspeichenräder weisen Leichtmetallfelgen auf. Die Frontfelge der Dimension 2,15 x 19 Zoll trägt einen Reifen der Größe 110/90 S 19. Hinten findet ein 130/80 S 17 großer Pneu in einer 3,00 x 17 Zoll großen Felge Halt.

Oben:
Dank gemäßigter Fahrwerksgeometrie und Federwege läßt sich die F 650 problemlos über Landstraßen scheuchen.

Unten:
Das Cockpit der ersten F-650-Baureihe wird von Tacho und Drehzahlmesser beschlagnahmt.

Die eigens für BMW neuentwickelten Scheibenbremsen stammen von Brembo. Vorn wird eine 300 Millimeter große Edelstahlscheibe von einer Doppelkolben-Schwimmsatteleinheit in die Zange genommen, die von einer 240 Millimeter großen Scheibe mit Einkolben-Schwimmsattel am Hinterrad Unterstützung erfährt.

Ausstattung

Ganz im Sinne der BMW-Design-Philosophie dominieren runde Formen das Äußere der F 650. Ihr 17,5 Liter großer Kunststofftank mit linksseitigem Kraftstoffhahn bildet mit der Frontverkleidung eine optische Einheit, und er bietet gleichzeitig deutliche Kniemulden für eine bequeme Sitzposition. Die hintere Ausformung des Tanks läßt die mit 710 Millimetern Länge großzügig bemessene Steck-Sitzbank optisch in die Tankform übergehen. Der direkt überm Vorderrad montierte Kunststoff-Kotflügel hat gleichzeitig Steinschlag-Schutzfunktion für die Tauchrohre der Gabel, und die als Luftführung ausgebildete Abdeckung der vorderen Bremszange dient ihrer thermischen Entlastung. Unkonventionell zeigt sich die hintere Radabdeckung als separat an den Schwingarmen verschraubter Kunststoffbügel, der rechts als Kettenschutz dient.

Der Fahrer wird in die nur 810 Millimeter hohe Sitzmulde der Sitzbank integriert. Vor dem verstrebten Enduro-Rohrlenker, der in schwingungsentkoppelten Böcken lagert, sitzt eine rahmenfeste Cockpitverkleidung mit kleinem Windschild. In der Verkleidungsfront findet der Scheinwerfer aus der R 100 GS Platz. Das Cockpit präsentiert sich in Komplettausstattung mit weißunterlegtem Drehzahlmesser und Tachometer, Kühlmitteltemperaturanzeige sowie einer Kontrolleuchteneinheit für Blinker, Leerlauf, Öldruck und Fernlicht. Das Zentralschloß ist in der oberen Gabelbrücke integriert. Zum Serienumfang gehört zudem eine Gepäckbrücke aus Leichtmetall am Heck.

Ähnlich umfangreich wie bei den großen Boxermodellen fallen die aufpreispflichtigen Zusatzausstattungen für die im Serientrimm 189 Kilogramm schwere F 650 aus: Für Winterfahrer bieten sich die Kunststoff-Handprotektoren und Heizgriffe an. Umweltbewußte können einen ungeregelten Katalysator ordern, der vor dem Eingang in den Endschalldämpfer Platz findet. Das Reiseequipment umfaßt mehrere Varianten: Die Kofferträger lassen sich mit kompakten City-Koffern oder mit großen Integral-Koffern ausstatten. Der Topcase-Träger bietet für ein 22 Liter fassendes Gepäckbehältnis Platz. Zudem gibt's einen Hauptständer, der die Kettenpflege erleichtert, eine Steckdose, Sturzbügel, Lenkerprallschutz und eine Diebstahlwarnanlage.

Die F 650 in der Praxis

BMWs Einzylinder bedarf keiner langen Überredung durch den Anlasser, bevor er mit Unterstützung des Chokes prompt losblubbert. Und auch die Warmlaufphase – nicht unbedingt die Paradedisziplin großvolumiger Singles – absolviert die F ohne Mucken. Schlagartiges Absterben des Motors ist nicht zu befürchten. Überhaupt überzeugt die F 650 mit einer gelungenen Vergaser-Abstimmung, die den Motor auch bei Schrittgeschwindigkeit noch rundlaufen läßt. Allerdings gehört die F 650 nicht zu den Einzylindern, die aus dem Drehzahlkeller mordsmäßig an der Antriebskette reißen. Bei triaähnlichen Geländeübungen und Kolonnenverkehr bedarfs es gelegentlicher Unterstützung durch die Kupplung, um das Funbike wieder auf Trab zu bringen. Im Gegenzug darf sich die BMW das „Blaue Band" des wohl kultiviertesten und drehfreudigsten Singles anheften. Ab 3000 Touren erfreut er in den unteren Gängen durch explosive Leistungsentfaltung, und läßt sich im letzten Gang ohne einzylindertypisch rupfende Antriebskette beschleunigen. Zwischen 3200 und 6800/min stellt der Einzylinder durchweg über 49 Nm Drehmoment bereit.

Entsprechend begeistert die Funduro nicht nur mit durchweg respektablen Beschleunigungswerten, sondern erreicht auch eine für diese Fahrzeuggattung erstaunliche Spitzengeschwindigkeit von rund 170 km/h. Ebenso beeindruckend setzt sich die F bezüglich ihrer Laufkultur in Szene. Natürlich kann ein 650er Einzylinder nicht mit dem seidigen Lauf eines Mehrzylinders aufwarten, und so läßt auch die F Fußrasten wie Rückwand der Sitzmulde zwischen 4500 und 5000 Touren ein wenig kribbeln.

Fahrwerksseitig gibt sich der BMW-Single keine gravierende Blöße. Sie rennt tadellos über die Autobahn und folgt willig Kurvenverläufen auf der Landstraße. Bei extremer Schräglagenhatz läßt das 19-Zoll-Vorderrad ein wenig Souveränität vermissen. 21-Zöller zeigen sich da gutmütiger und vermit-

Das Fahrwerk der F 650 mit Einschleifen-Stahlrahmen aus Vierkant- und Rundrohren sowie Preßformteilen. Der Ölvorrat der Trockensumpfschmierung befindet sich im oberen Rahmenteil hinter dem Steuerkopf.

teln ein exakteres Feedback von der Straße. Was die Federelemente anbelangt, so fällt der Negativfederweg für Endurostandards mit nur rund 30 Prozent vergleichsweise knapp aus. Ansonsten zeichnet sich das Bauteil durch sauberes Ansprechverhalten und ordentliche Dämpfung aus. Daß sich die Gabel unter dem Zugriff der Vorderradbremse spürbar verwindet, hat auf die Fahrsicherheit keinen Einfluß.

Das Heckfederbein läßt dank seiner Einstellmöglichkeiten keine Wünsche offen – allerdings gilt das nur für den Solobetrieb. Im Zweipersonenbetrieb erreicht das Federelement schnell seine Grenzen und schlägt selbst bei maximaler Vorspannung auf Bodenwellen hart durch. Daß den BMW-Bauern trotz dieser Schwäche dennoch ein recht ordentlicher Kompromiß gelang, belegt der Soloeinsatz im gemäßigten Offroad-Betrieb. Selbst dafür reichen die Reserven, und die kompakte Fahrwerksgeometrie sorgt für agiles Handling. Dank des nah am Fahrer plazierten Lenkers lassen sich auch in den Rasten stehend Lenkkorrekturen leicht durchführen. Nur beim Fußeln wünscht sich der Fahrer neben der niedrigen Sitzhöhe eine etwas schmalere Sitzbanknase.

Oben:
Die '97er Funduro mit höherer Verkleidung hat von ihren guten Landstraßen-Tugenden nichts eingebüßt.

Unten:
Neben den kleinen City-Koffern gibt's natürlich weiterhin die größeren Tourenkoffer für die F 650.

Alles im allem kann es also nicht verwundern, daß sich die F 650 schon im ersten Jahr nach Markteinführung mit 4391 verkauften Einheiten zum viertbestverkauften Motorrad überhaupt mauserte. Außerdem stellte sich auch sehr schnell heraus, daß die Funduro neben ihrer universellen Verwendbarkeit ausgesprochen zuverlässig und frei von Kinderkrankheiten war.
Dennoch gibt's bei soviel Licht auch ein wenig Schatten. So irritiert den Fahrer bei Nachtfahrten wegen einer unzureichenden Abschottung Streulicht des Scheinwerfers in der Cockpitverkleidung. Außerdem ist der Frontkotflügel etwas zu schnittig geraten, und so wird im Offroad-Betrieb Dreck bis zum Helm hochgeschleudert, und auch das Federbein hätte eine bessere Abdeckung gegen den aufgewühlten Dreck des Hinterrads verdient.

Modellpflege

Als Pflegemaßnahme bekam die F 650 ab dem '95er Modelljahrgang einen ungeregelten Katalysator serienmäßig mit auf den Weg, der keinen Einfluß auf Spitzenleistung oder Drehmomentverlauf zeitigt.
Für '96 erweiterte sich die Serienausstattung um den bis dato aufpreispflichtigen Hauptständer.
Fahrwerksseitig und motortechnisch unverändert, jedoch mit einem deutlich „gelifteten" Gesicht feierte die F 650 '97 ihren vierten Geburtstag. Die Verkleidungsfront wurde für die '97er Version bis auf Instrumentenebene hochgezogen und mit einem schmaleren Kühlerausschnitt versehen. Die Blinker wurden aus den Verkleidungsflanken an Ausleger verbannt. Um den Wind- und Wetterschutz zu verbessern, bekam die höhrere Verkleidungsfront ein großzügigeres, transparentes Windschild.
Im Cockpit ersetzt eine analoge Zeituhr die Temperaturanzeige, deren Funktion von einer Kühlmittelwarnleuchte übernommen wird. Zudem läßt sich der Tankdeckel nun hochklappen und nicht mehr abnehmen. Das Gewicht der neuen F 650 in der Grundausstattung beträgt 191 kg.
Dank einer neugestalteten Sitzbank konnte die Sitzhöhe von 810 auf 800 Millimeter gesenkt werden. Darüber hinaus erweitert sich das Zubehörangebot um einen Tieferlegungssatz, der es ermöglicht, die Sitzhöhe um weitere 50 Millimeter abzusenken. Er umfaßt geänderte Schwinghebel, einen modifizierten Federbeinanschlag sowie verkürzten Haupt- und Seitenständer. Letzterer schnappt nicht mehr automatisch bei Entlastung zurück, sondern wurde mit einem Zündunterbrecherschalter versehen.

Der Strassenfeger, F 650 ST

Drei Jahre, nachdem die Funduro F 650 ihr erfolgreiches Debüt auf dem Markt hatte, beweist BMW, daß sich auch mit dem neuen Single ein Baukastensystem verwirklichen läßt. Seit '97 ergänzt das reinrassige Straßenmodell, F 650 ST, die Einsteigerklasse bei BMW. Neben ihrer höheren Straßentauglichkeit bietet sie gerade für Einsteiger den großen Vorteil einer noch geringeren Sitzhöhe.

Motor/Gemischaufbereitung/Zündanlage/Kraftübertragung
Für das Straßenmodell konnte der Motorblock inklusive Antriebsstrang unverändert vom F-Modell übernommen werden, wobei der ungeregelte Katalysator zum Serienstand gehört. Selbstverständlich gibt es für die ST auch einen 34-PS-Drosselsatz.

Mit 18 Zoll großem Vorderrad, Straßenbereifung, kecker Bikini-Verkleidung und modifizierter Hinterradfederung wird der bewährten F 650 für '97 ein reines Straßenmodell, die F 650 ST, zur Seite gestellt.

Im direkten Vergleich zur aktuellen F 650 zeigt sich, daß die ST einsteigerfreundlich noch einige Zentimeter niedriger baut.

Fahrwerk/Räder/Bremsen

Hauptaugenmerk bei der Entwicklung der F 650 ST galt dem Fahrwerk. Optisch fällt das 18 Zoll große Vorderrad ins Auge, während die Felgenbreite der des F-Modells entspricht. Unverändert wurde das Hinterrad aus der Enduro übernommen. Entsprechend dem Einsatzzweck werden reine Straßenreifen auf die Drahtspeichenräder aufgezogen. Vorn wie hinten bleibt es bei den bewährten Scheibenbremsen der Enduro.
Unverändert aus der geländetauglichen 650er wurde auch die Telegabel mit 170 Millimetern Federweg übernommen. Demgegenüber kommt ein neu abgestimmtes Federbein in modifizierten Umlenkhebeln zum Einsatz, das dem Hinterrad 120 statt 165 Millimeter Arbeitsweg zur Verfügung stellt.
Nur marginal hat sich die Fahrwerksgeometrie verändert: Bei identischem Lenkkopfwinkel von 62 Grad, schrumpfte der Vorderradnachlauf um sechs auf 110 Millimeter und der Radstand um 15 auf 1465 Millimeter.

Ausstattung

Gegenüber dem querverstrebten Endurolenker der F 650 bekam die ST einen schmäleren (760 statt 800 Millimeter) und stärker nach vorn gekröpften Rohrlenker mit auf den Weg. Während die Verkleidung des '97er Enduromodells deutlich höher ausfällt, entspricht die Front der ST weitgehend der flachen Ausführung des alten Enduromodells. Neugestaltet wurden die Zifferblätter der Instrumente.
Optische Unterschiede zwischen der Enduro und dem ST-Modell ergeben sich nicht allein aus der silber (ST) statt mattschwarz gehaltenen Kühler- und Zylinderverkleidung. Der Steinschlagschutz wird bei der ST durch einen Motorspoiler ersetzt, und der schmalere Vorderrad-Kotflügel kommt ohne Gleitrohrblenden aus.
Die aufpreispflichtigen Sonderausstattungen für die im Serientrimm 191 Kilogramm schwere ST entsprechen denen der Enduro. Allerdings wird für die ST auch ein Touringsatz mit anderem Lenker und höherer, transparenter Windschutzscheibe sowie Handprotektoren angeboten. Wie bei der F 650, wird auch für die ST ein Tieferlegungssatz angeboten, mit dem die Sitzhöhe von 785 auf 735 Millimeter schrumpft.

Die F 650 ST in der Praxis

Vor allem kleiner gewachsene Zeitgenossen nehmen beim Umstieg von der Enduro auf die Straßen-F positiv zur Kenntnis, daß die Sitzposition spürbar niedriger ausfällt. Zudem wartet die ST mit einer ausgesprochen gut gelungenen Ergonomie zwischen Sitzbank, Fußrasten und Lenker auf. Der Verdacht, daß hier eine Enduro mit relativ sparsamen Mitteln auf Straßeneinsatz getrimmt wurde, kommt jedenfalls nicht auf.
Logischerweise ergeben sich motorisch keine Unterschiede. Aber auch das Fahrverhalten – zumindest auf Autobahnen und schnellen Bundesstraßen – läßt zunächst die konzeptionellen Unterschiede wenig zu Tage treten. Erst, wenn die Kurvenverläufe eng und knifflig werden, wendet sich das Blatt, und die auf reinen Straßenbetrieb zugeschnittene ST gewinnt Vorsprung. Obwohl beide Maschinen gleich schwer ausfallen, wieselt die ST nicht nur flinker in die Kurven hinein, sondern sie gibt sich auch spürbar zielgenauer. Großen Anteil an dieser Präzision haben natürlich die Straßenreifen. Aber auch die gelungene Abstimmung der Hinterradfederung trägt ihren Teil dazu bei. Erstaunlich gut wird das im Arbeitsweg beschnittene Heckfederbein mit Buckeln und tiefen Wellen fertig, und bietet – auf reinen Straßenbetrieb bezogen – sogar den besseren Kompromiß zwischen Komfort und notwendiger Härte.

Das Superbike, K 1200 RS

Entwicklung

Während sich die neuen Boxer unter Beibehaltung ihrer traditionellen Tugenden ein geradezu jugendlich-sportliches Image zulegten, war die K-Baureihe mit ihrem RS-Flaggschiff nach 13 Jahren Pflege in die Jahre gekommen, zumal der sportliche Imageträger von '89, die K 1, mit ihrem Form-follows-function- Outfit nur wenige begeistern und erst recht keine Flaggschiffrolle übernehmen konnte.

Eine gründliche Überarbeitung des K-Programms schien also durchaus fällig, der Zeitpunkt Anfang der 90er war indes denkbar ungünstig, da die Neuentwicklung des Vierventilboxers in ihrer Endphase auf Hochtouren lief. Insofern schlossen Entwicklungskapazitäten wie finanzielle Vorgaben eine komplette Neukonstruktion aus. Ausgangsbasis sollte die K 1100 RS sein. Auch wenn beim neuen K-Flaggschiff sportliche Attribute Betonung finden würden, so sollten Tourentauglichkeit und Komfort des 1100er Modells zumindest erreicht, wenn nicht überboten werden. Unter dem verantwortlichen Entwicklungsleiter, Jürgen Bachmann, war also kein Supersportler, sondern ein Sportourer weiß-blauer Tradition geplant. Der Zugewinn an Sportlichkeit war nicht vorrangiges Ziel, sondern erwünschter Nebeneffekt zur Erhöhung des Fahrspaßes.

Allerdings sollte die K 1200 aufzeigen, wie weit Planvorgaben und Umsetzung in technische Realität auseinanderdriften können – im positiven Sinn. Weder das alte Rahmenkonzept blieb erhalten, noch konnte ein Teil des alten Triebwerks unmodifiziert übernommen werden.

Schon vor der Erstellung des Lastenheftes, Anfang '93, hatten Versuche im Vorfeld ergeben, daß eine Achsschenkellenkung als alternative Vorderradführung nicht in Frage kommen würde. Probleme mit der einzelnen Bremsscheibe im Vorderrad und schlechtes Fahrverhalten führten dazu, daß diese Lösung bereits im Sommer '92 verworfen wurde. Alternativ stand das gerade für die Boxertypen entwickelte Telelever zur Debatte. Als problematisch erwies sich dabei, daß der Längslenker nicht in Boxer-Manier am Motorgehäuse angelenkt werden konnte, und daß das K-Triebwerk – erst recht in einer hubraumstärkeren Entwicklungsvariante – starke Vibrationen an den Tag legt.

Um ein Konzept mit selbsttragendem Motorgehäuse und im Getriebe gelagerter Schwinge fortführen zu können, entstand zunächst ein Motor mit zwei Ausgleichswellen. Die Baubreite des Aggregats warf jedoch große Probleme hinsichtlich des Versatzes bei der Plazierung in der Fahrzeuglängsachse sowie einer sinnvollen Längslenker-Anordnung des Telelevers auf.

Um den besten Kompromiß verschiedener Entwicklungsansätze ermitteln zu können, wurden Ende '93 zwei Varianten aufgebaut. In der Entwicklungsab-

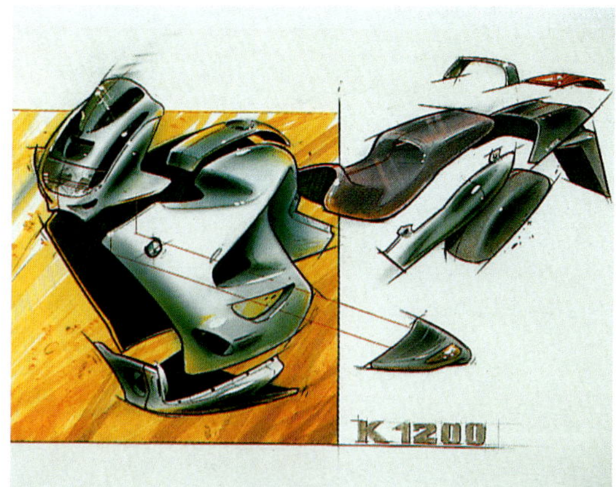

Oben:
Erste Ideen dargestellt in 2-D.

Ganz unten:
Formfindung am Plastilinmodell.

Von vornherein stand fest, daß die sportliche K 1200 RS voll touren- und soziustauglich sein mußte. Wind- und Wetterschutz sowie die Unterbringung eines Gepäckträgersystems waren Konstruktionsbestandteil.

teilung von BMW ging man daran, eine Maschine mit tragendem Motor zu bauen, bei der die Schwinge im Getriebegehäuse lagerte und die gesamte Karosserie mittels Dämpfer vibrationsentkoppelt wird. Da die Kapazitäten bei BMW damit erschöpft waren, leistete die italienische Edelschmiede „Bimota" Schützenhilfe. Dort entstand nach BMW-Vorgaben eine zweite Entwicklungsvariante: Selbsttragender Rahmen mit Schwingenaufnahme sowie schwingungsentkoppelte Triebwerksaufhängung. Der aus Alublechen zusammengeschweißte Prototyp eines Brückenrahmens sollte das Rennen machen. Im Sommer '94 fiel die Entscheidung zugunsten des Bimota-Entwurfs, da der bei BMW entstandene Prototyp die erwünschte Präzision beim Fahrverhalten vermissen ließ.

Links:
Die Optik der K 1200 RS wird von runden Formen beherrscht. Während der Hinterbau sportlich grazil wirkt, strahlt der massive vordere Teil der 1200 Kraft aus.

Folgende Seite:
Um 50 Grad Schräglagenfreiheit zu erreichen, sitzt der 1200er Motor drei Zentimeter höher im Fahrwerk als bei der K 1100 RS.

Für die Fahrerprobung entstanden drei Versionen des Brückenrahmens, wobei sich die Konstruktionen aus Strangpreßprofilen beziehungsweise eine Verbundkonstruktion aus Leichtmetallguß- und Stahlrohren weniger praktikabel zeigten. Den Zuschlag erhielt die Variante aus verschweißten Aluminium-Gußstücken, die bei Verlicchi entsteht. Sie bietet neben hoher Festigkeit und produktionstechnischen Vorzügen den größtmöglichen Freiraum, das Rahmengebilde eng um die Motorkonturen zu führen.
Auch wenn der tragende Rahmen aus verschweißten Aluminium-Gußteilen gegenüber einer Konstruktion mit tragendem Motorgehäuse rund sieben Kilo schwerer ausfällt, zeitigten die Versuche, daß dies die beste Konstellation für gutes Fahrverhalten, Vibrationsabschirmung der Passagiere und fertigungstechnischen Aufwand darstellt.
Während die Paraleverschwinge im neuen Rahmen schnell Platz fand, entstand für die Vorderradführung eine komplette Neukonstruktion des Telelevers, zumal das Triebwerk gegenüber der K 1100 auch noch drei Zentimeter höher im Rahmen hängen sollte, um die Schräglagenfreiheit von 46 auf 50 Grad zu erhöhen.
Die im Falle der K 1200 RS von Marzocchi gefertigte Gabel des Telelevers stützt sich wie gehabt mit der oberen Brücke über ein Kugelgelenk am vorderen Ende des Rahmens ab. Der Längslenker, der die Gabel an der unteren Brücke abstützt, hat sich indes bezüglich Form und Anlenkung vollkommen verändert. Das nun rechteckige Bauteil lagert nicht mehr vertikal drehbar am

Motor, sondern unter dem Brückenrahmen über dem Triebwerk. Das zentrale Federbein sitzt mit dem unteren Auge im Längslenker und oben im hohlen Rahmenvorbau. Aufgrund der veränderten Anlenkpunkte änderten sich auch die kinematischen Verhältnisse. Als Folge war ein Bremsnickausgleich von weniger als 90 Prozent gar nicht möglich. Bei 70prozentigem Nickausgleich, nach Vorbild des 1100er Boxers, hätten die Anlenkpunkte des Längslenkers auf Höhe des dritten Zylinders liegen müssen. Im Hinblick auf die Abstimmung des vorderen Federbeins war somit Feinabstimmung gefordert. Im Vergleich zur R 1100 GS, bei der der Nickausgleich des Telelevers ebenfalls 90 Prozent beträgt, ließ sich bei der K 1200 in Anbetracht von 115 Millimeter Gesamtweg kein üppiger Negativfederweg realisieren, der beim Bremsen für genügend Rückmeldung zum Fahrer hätte sorgen können.
Wesentlich weniger Probleme warf dagegen die Hinterradfederung auf. Das Einzelfederbein fand außermittig, rechts angeordnet zwischen Rahmenrückgrat und dem Kardan-Schwingenholm Platz, wobei die Schrägstellung des Federbeins eine deutliche Federungsprogression bewirkt.
Dank der schwingungsentkoppelten Aufhängung des Motors hatten die Triebwerksingenieure unter Entwicklungschef Wolfgang Dürheimer zwar ein Problem weniger, aber auch kein leichtes Spiel. Ein komplett neues Aggregat hätte nicht nur den finanziellen Rahmen gesprengt, sondern auch die Entwicklungszeit um zwei Jahre verlängert. Die Basis des 1100er K-Motors indes bot – zumindest bezüglich der Bohrung – kein Entwicklungspotential mehr. Nach der Hubraumaufstockung des Ur-K-Triebwerks von 1000 auf 1100 cm^3, blieb für weiteres „Aufbohren“ kein Fleisch. Also mußte ein neues Motorgehäuse mit einer langhubigeren Kurbelwelle sowie verstärkter Nebenwellenlagerung her, um so eine weitere Aufstockung zwecks Drehmomentgewinn zu ermöglichen. Kürzere und leichtere Kolben, leichtere Pleuel und ein modifizierter Zylinderkopf waren Mittel, bewegte Massen und Strömungswiderstände zu verringern. Bei der Änderung des Steuertriebs und der Steuerzeiten sollten sich die alten K-1-Nockenwellen als Glücksgriff erweisen, während die Staudruckaufladung im Ansaugtrakt für die Motorenentwicklung technisches Neuland bedeutete. Im Endeffekt stellte der 1200er vom Einlaß- bis zum Auspuffsystem mit doppeltem Katalysator praktisch eine Neuentwicklung dar, deren Umfang durch die 1100er Basis vorgegeben wurde.
Eine Neuentwicklung, allerdings als Auftragsarbeit bei „Getrag“ durchgeführt, stellt das 6-Gang-Klauengetriebe dar. Für die Drehmomentausbeute des 1200er Triebwerks hätte zwar allemal eine Fünfgangbox gereicht, aber das leichtere, kompaktere Bauteil gehört zur Rubrik Spaßfaktor. Die kleinen Schaltsprünge und der jeweils perfekte Anschluß erlauben nicht nur BMW-typisch schaltfaule Fahrweise, sondern auch flotten Gangwechsel zwischen den Kurven.

Während sich die Motor- und Fahrwerksingenieure mit grundsätzlichen Problemen des technisch Machbaren auseinandersetzen mußten, arbeitete die Designabteilung unter David Robb daran, dem sportlichen Flaggschiff ein dynamisches Kleid mit runden Formen zu verpassen, ohne dabei den Wiedererkennungswert, das typische Gesicht der K-Familie, zu verwischen. Bulliger Tank-Motor-Bereich als Symbol von Kraft in Harmonie mit dem filigran wirkenden Heck, das optisch sportliche Leichtigkeit suggeriert, mußten mit bestmöglichem Wetterschutz und gutem Fahrverhalten mittels ausgeklügelter Aerodynamik unter ein Dach gebracht werden. Daß Design und Zweckmäßigkeit in sich zum Problem werden können, belegen die Handprotektoren mit den integrierten Blinkern, die bei der 1100er auf der Innenseite die Rückspiegel tragen. Dieses seit der ersten RS verwendete Design-Element trägt zwar wesentlich zum typischen K-Gesicht bei, sollte sich an der neuen Tourensportlerin aber als praxisfremd erweisen. Bei der Fahrerprobung konnten die in die Handprotektoren eingefaßten Rückspiegel ihren Zweck nicht erfüllen und wanderten mit seperaten Auslegern an den Lenker. Dafür ließ sich das designerische Kunststück umsetzen, unter Wahrung des K-Wiedererkennugswertes ein neues Gesicht in der Menge zu schaffen. Statt eines klotzigen Rechteckscheinwerfers kommt ein Tandem-Scheinwerfer zum Einsatz, der neben optischen Reizen eine bessere Ausleuchtung des Fahrbahnrandes bietet.
Wie bei allen RS-Premieren, sei's Boxer oder Reihenmotor, sorgte auch die K 1200 RS bei ihrer Weltpremiere Anfang Oktober '96 auf der IFMA in Köln für Sensationsstimmung. Neben den technischen Highlights wie Alu-Fahrwerk, hubraumstärkster BMW-Motor aller Zeiten bis hin zum Design beinhaltete die Vorstellung auch eine politische Botschaft: Erstmals gibt es eine BMW mit über 100 PS Spitzenleistung.

Motor

Mit exakt 1171 Kubik markiert das neue K-Triebwerk einen Hubraum-Meilenstein in der Markengeschichte. Da es dem K-1100-Basis-Block an „Fleisch“ zum Aufbohren fehlte, bekam der K-Block ein modifiziertes Motorgehäuse spendiert, in dem eine neue, steifere Kurbelwelle nebst erstarkter Nebenwellenlagerung Platz findet. Durch Erhöhung des Hubs um fünf auf 75,0 Millimeter erzielten die Ingenieure ein Hubraumplus von 79 cm^3 gegenüber der K 1100. Die beschichteten Zylinder blieben mit 70,5 Millimetern Bohrung unverändert.
Kürzere Kastenkolben mit leichteren Kolbenbolzen tragen zur Verringerung der bewegten Massen auf den geschmiedeten Stahlpleueln bei, was den Motor geschmeidiger am Gas hängen läßt. Die Kolben verdichten das Kraftstoff-/Luftgemisch auf 11,5 zu 1 (K 1100 11,0 zu 1). Dabei kommt die höhere Verdichtung nicht nur der Leistungssteigerung zugute. Vielmehr verbessert sie den Wirkungsgrad des Motors insgesamt, was sich in einem bulligen Drehmomentverlauf und günstigen Verbrauchswerten niederschlägt.
Die Verringerung der Ventilschaftdurchmesser von sechs auf fünf Millimeter trägt sowohl zur Reduzierung der bewegten Massen im dohc-16-Ventiler als auch zum Abbau von Strömungswiderständen im Ein- und Auslaßbereich bei. Mit der neuen Kurbelwelle hat sich auch der Steuertrieb verändert, und neue Nockenwellen sorgen für adäquate Steuerzeiten im sportlichen K-Motor. Da der K-Block in jeder Hinsicht bis an die Grenzen ausgereizt wurde – bei 9000 Touren beträgt die mittlere Kolbengeschwindigkeit stattliche 22,5 m/s –, bleibt kühltechnisch nichts dem Zufall überlassen. Zwei mit elektrischen Lüftern ausgestattete Wasserkühler, deren Gesamtfläche zwar etwas geringer als bei der K 1100 RS ausfällt, arbeiten dank verbesserter Anströmung mit höherem Wirkungsgrad. Hinzu kommt ein thermostatisch geregelter Ölkühler. Der garantiert nicht nur moderate Öltemperaturen unter Vollast, sondern sorgt auch dafür, daß die verschleißfördernde Warmlaufphase möglichst kurz ausfällt. Darüber hinaus bewirkt der Thermostat eine gleichbleibende Schmierstofftemperatur über das gesamte Betriebsspektrum hinweg.

Gemischaufbereitung/Zündanlage

Um die Effizienz im Ein- und Auslaßbereich zu verbessern, greift bei der K 1200 ein ganzes Technik-Paket. So wuchs das Volumen des Luftfilterkastens im Vergleich zur alten K 1100 RS um 1,0 auf insgesamt 7,0 Liter. Außerdem wird die Airbox von einem Staudrucksystem in der Verkleidungsfront versorgt. Der Vorteil dieses Systems liegt einerseits darin, daß die Frischluft mit Druck in den Einlaßbereich gelangt, zum anderen, daß die Ansaugluft wesentlich kühler und sauerstoffreicher ist, als wenn sie unter der Sitzbank angesaugt wird.

Vom Gesicht der alten K stammen die Handprotektoren mit integrierten Blinkern. Als neues Gesicht in der Menge erscheint die RS wegen des Doppelaugeneffekts, den sie einer neuen Scheinwerfertechnologie verdankt. Darunter sind die Lufteinlässe des Staudrucksystems zu erkennen.

Für die Aufbereitung der energiereichen Kraftstoff-/Luftmixtur ist die dritte Generation (Motronic 2.4) der Bosch-Einspritz/-Zündelektronik zuständig, die über eine vollautomatische Kaltstartanreicherung (elektronisch gesteuerter Drosselklappenansteller) verfügt, womit sich ein Chokehebel bei der K 1200 RS erübrigt. Außerdem läßt sich die Elektronik der K 1200 mittels eines Mobilen Diagnose Computers (Mobi Dic) lückenlos auf Fehlfunktion im gesamten System überprüfen. Vom Arbeitsprinzip her unterscheidet sich die Einspritz-Zündelektronik jedoch kaum von der Anlage, die in den jüngsten Boxermodellen eingesetzt wird. Für die Stromversorgung der gesamten Elektronik ist eine von 700 auf 720 Watt erstarkte Lichtmaschine zuständig.

Auslaßseitig kommen bei der 1200er, dem größeren Gasdurchsatz entsprechend, dickere Auspuffkrümmer zum Einsatz, die, wie der Rest des Abgasanlage, aus Edelstahl bestehen, wobei der voluminöse Endschalldämpfer mit einer Aluminium-Ummantelung ausgestattet ist.

Die serienmäßige Abgasreinigung mittels geregeltem Katalysator weicht bei der K 1200 insofern von den bekannten Systemen ab, als daß zwei Kat-Einsätze Verwendung finden. Die angestrebte Spitzenleistung von deutlich über 100 PS zwang dazu, da zwei kleinere Kats insgesamt weniger Strömungswiderstand erzeugen als ein großer.

Das Resultat der umfangreichen Triebwerksmodifikationen kann sich allemal sehen lassen: Insgesamt erzielten die Techniker gegenüber der K 1100 einen über den gesamten Drehzahlbereich um 10 Prozent fülligeren Drehmomentverlauf. Noch beeindruckender sind jedoch die Maximalwerte: In der ungedrosselten Version protzt die K 1200 RS mit 130 PS Spitzenleistung bei 8750 Touren und

Das komplett ausgestattete Cockpit läßt keine Wünsche offen, die Windschutzscheibe läßt sich in zwei Stufen arretieren, und die Lenkerstummel sind ebenfalls variabel.

einem Drehmomentberg von 117 Nm bei 6750/min. Allerdings bietet BMW bis zur Einführung einer einheitlichen EU-Regelung in Ländern mit gesetzlicher oder freiwilliger Leistungsbeschränkung durch Hersteller und Importeure diese nicht an, wenngleich in Deutschland die Möglichkeit besteht, die K 1200 RS nachträglich zu entdrosseln. Der technische Unterschied der beiden Leistungsvarianten besteht in kürzeren Saugrohren mit größerem Durchmesser und einem veränderten Kennfeld der Zündanlage, wobei beide Kennfelder bereits in der Motronic programmiert sind. Für die Entdrossellung wird ein Stecker entfernt und eine neue Airbox eingebaut.

Die Drosselversion setzt bereits bei 7000/min 98 PS frei, während der Drehmomentverlauf gegenüber der offenen Variante bei 3500 Touren steiler ansteigt, den Gipfel von 118 Nm schon bei 5500/min erreicht.

Im Vergleich dazu malt die 130-PS-Ausführung ab 6000 /min eine steiler ansteigende Leistungskurve aufs Papier, die erst bei knapp 9000 Touren abfällt. 400/min später bewahrt dann ein elektronischer Begrenzer den Motor vor Überdrehzahlen und mechanischen Schäden.

Getriebe/Kardan

Die Kraftübertragung der 1200 RS erfolgt von der Kurbelwelle über schrägverzahnte Stirnräder auf eine gegendrehende Zwischenwelle, die am hinteren Stumpf eine Einscheibentrockenkupplung trägt. Im Gegensatz zur 1100er wird die Kupplung hydraulisch betätigt und weist einen um 15 auf 165 Milli-

meter geschrumpften Durchmesser auf. Daran schließt sich ein neu entwickeltes Dreiwellen-Sechsgang-Klauengetriebe (Übersetzungsverhältnisse 3,86/3,02/2,39/1,96/1,70/1,51) der Firma Getrag an. Das Bauteil fällt nicht nur wegen dem geschrumpften Kupplungsflansch wesentlich kompakter aus. Darüber hinaus erübrigt sich die Lagerung der Hinterradschwinge. Neben einem geänderten Torsionsdämpfer verfügt das Getriebe über einen verfeinerten Schaltautomaten, der die Schaltbewegung des Fahrerfußes unterstützt, und die Zahnflanken der Stirnräder sind mit einem speziellen Schliff versehen. Alles in allem führt das zu einer Verbesserung des Komforts und der Präzision beim Schalten.

Trotz ihrer 285 Kilogramm Lebendgewicht läßt sich die 1200 RS erstaunlich leichtfüßig selbst durch enge Ecken zirkeln.

Rechts:
Der Doppelaugeneffekt aus nächster Nähe.

Folgende Seite:
Das Triebwerk ist mittels Silentblöcken schwingungsentkoppelt im Fahrwerk aufgehängt.

Der Hinterradantrieb erfolgt nach bekanntem Schema via gekapselter Doppelgelenkwelle mit Längenausgleich sowie Kegel-und Tellerrad, wobei das Endantriebsgehäuse schwenkbar gelagert ist (Sekundärübersetzung: 2,75 zu 1).

Fahrwerk

Lassen sich bei der Antriebseinheit noch deutliche Paralellen zur „alten" K erkennen, so hat das Fahrwerk der 1200 RS mit dem des Vorgängermodells kaum etwas gemein. Der prinzipielle Unterschied besteht darin, daß der 1200er Motor keine tragende Funktion hat. Die übernimmt eine aus vier Gußteilen (Freiform-Gußverfahren) zusammengeschweißte Aluminium-Konstruktion, bei der das hohle Rückgrat-Rahmengebilde durch innere Stege versteift wird und so für höchste Stabilität auf engstem Raum sorgt. Am hinteren Ende des Rückgrats schließen sich seitlich mächtige Alu-Schenkel an, in denen die Hinterradschwinge lagert. Außerdem finden hier das angeschraubte Rahmenheck aus filigranen Stahlrohren sowie rechtsseitig das obere Federbeinauge ihre Fixpunkte.

Der Motor hängt – mittels kräftiger Silentblöcke schwingungsentkoppelt – am Alurückgrat. Die hinteren Auhängungspunkte finden sich oben am Getriebegehäuse, während vorn zwei seitliche, unterhalb des Steuerkopfes angeschraubte Stahlstreben auf Höhe des ersten Zylinders vom Rahmen zum Motorblock führen.

Die Führung des Vorderrades übernimmt eine neue Telelever-Konstruktion, wobei die Gabel mit ihren 35er Standrohren von Marzocchi stammt. Am vorderen Ende des Rahmenrückgrats befindet sich die Kugelkopflagerung der oberen Gabelbrücke. Im Gegensatz zu den Boxermodellen hat der Längslenker, der die untere Gabelbrücke abstützt, eine rechteckige Form. Zudem stützt er sich hinten nicht am Motorgehäuse ab, sondern findet unter dem Rahmenrückgrat, unmittelbar über dem Motor, zwei großdimensionierte Lagerpunkte.

Wie beim Telelever üblich, stützt ein zentrales Gasdruckfederbein die Vorderradführung ab. Das untere Federbeinauge findet etwa in der Mitte des Längslenkers seinen unteren Anlenkpunkt, während es sich oben im hochgezogenen Frontbereich des Rahmenrückgrats abstützt. Mit 115 Millimeter hält sich der Arbeitsweg der Vorderradfederung in sportlich engen Grenzen. Zudem läßt die Anlenkung des Längslenkers kinematisch nur einen Nickausgleich von 90 Prozent zu (R 1100 RS 70 Prozent), wobei ein vollkommener Nickausgleich technisch möglich, jedoch nicht gewollt ist, da sonst beim Bremsen überhaupt keine Rückmeldung zum Fahrer stattfindet.

Im Hinblick auf den leistungsstarken Antrieb, der durchaus in der Lage ist, das Vorderrad beim Beschleunigen extrem zu entlasten, besitzt die K 1200 RS einen Lenkungsdämpfer mit Doppelkolben, der sich zwischen Längslenker und unterer Telelever-Brücke mittels Kugelköpfen abstützt. Sinn und Zweck

der aufwendigen Konstruktion ist, Handling, Zielgenauigkeit und Geradeauslauf nicht durch hohe Reibung negativ zu beeinflussen, aber bei starken Lenkausschlägen, wie sie beispielsweise beim Beschleunigen über Bodenunebenheiten am Kurvenausgang auftreten, zu dämpfen. Bei langsamen Lenkimpulsen durchströmt das Dämpferöl beide Abschnitte des geteilten Kolbens, womit die Strömungsquerschnitte groß und die Dämpferkräfte klein sind. Bei starken Lenkausschlägen schieben sich die beiden Kolbenabschnitte ineinander, wodurch die Querschnitte verringert und die Dämpferkräfte erhöht werden.

Nach Vorbild der Boxermodelle übernimmt auch bei der K 1200 eine in Kegelrollen gelagerte Paralever-Schwinge die Führung des Hinterrades. Allerdings findet die Doppelgelenk-Einarmschwinge nicht wie üblich im Getriebegehäuse, sondern in den seitlichen Schenkeln des Alubrückenrahmens Halt. Zudem hat sich die Form des Schwingenholms aufgrund der modifizierten Schwingenlagerung sowie wegen der Anlenkung des Federbeins verändert. Eine kräftige, auf dem Holm aufgeschweißte Aluminiumrippe bildet den unteren Aufnahmepunkt des hinteren, etwa in Schwingarmmitte angelenkten Gasdruckfederbeins. Oben stützt sich das einzelne Federbein außerhalb der Fahrzeugmitte am Rahmenrückgrat ab. Aus der Anordnung und deutlichen Schrägstellung ergibt sich eine Progression im Federungsverhalten. Das bezüglich Federvorspannung und Zugstufendämpfung einstellbare Federbein ermöglicht im Zusammenspiel mit der Schwingenkinematik 150 Millimeter Federweg an der Hinterradachse.

Im Vergleich zur alten K 1100 RS sieht die Lenkgeometrie der 1200er mit 124 Millimeter Nachlauf (1100er 90 Millimeter) 62,75 Grad Lenkkopfwinkel (1100er 64 Grad) gemäßigter aus, was im Hinblick auf die wesentlich höhere Endgeschwindigkeit der offenen Version kaum verwundert. Dagegen ist der Radstand beim neuen BMW-Superbike mit 1555 sogar 10 Millimeter kürzer.

Räder/Bremsen

Bezüglich der Bremsen konnten die K-Planer auf Bewährtes zurückgreifen und montierten die Bremssättel und Bremsscheiben der R 1100 RS. Zwecks Reduzierung der ungefederten Massen sind die schwimmend gelagerten Bremsscheiben am Vorderrad nicht auf separaten Trägern, sondern direkt an den Speichen des Alumimium-Gußrades befestigt. Leichter und neu sind auch die 17-Zoll-Leichtmetallräder im Fünf-Doppelspeichen-Design. Auf den 3,50 beziehungsweise 5,00 Zoll breiten Felgen finden Reifen der Dimension 120/70-ZR 17 respektive 170/60-ZR 17 Platz.

Ausstattung

Runde Formen, die den Fahrer durch entsprechende Aussparungen in die

Im Gegensatz zur alten K-Serie übernimmt das Aluminium-Rückgrat allein tragende Funktion.

Kunststoffschale der Maschine integrieren, bestimmen die Optik der K 1200 RS. Dabei sorgen die weichen Formen nicht allein für einen guten Kontakt zwischen Fahrer und Motorrad, sondern dienen auch als Wind- und Wetterschutz.
Das Gesicht der K wird durch ein gedrungen wirkendes Verkleidungsoberteil geprägt, das mit einer in zwei Höhenstufen arretierbaren Verkleidungsscheibe ausgestattet ist. Wie bei der alten K weist auch die 1200er Handprotektoren mit integrierten Blinkern auf, die Spiegel sitzen allerdings an separaten Auslegern am Lenker. Optische wie technische Belange erfüllt der „Doppelaugen-Effekt" des Tandenscheinwerfers in der Verkleidungsfront: Die K 1200 erhält dadurch nicht nur ihr eigenes Gesicht, sondern der Fahrer profitiert von der neuen Technologie durch bessere Ausleuchtung des Fahrbahnrandes sowie einer insgesamt höheren Lichtausbeute. Der Reflektor dieser Scheinwerfer entsteht in einer computerberechneten Freiformflächen-Technik. Im Zentrum sitzt eine H7-Abblendlicht-Birne und unmittelbar davor ein Spotreflektor mit H3-Birne fürs Fernlicht, das zum Abblendlicht hinzugeschaltet wird (Tandem-Scheinwerfer).
Im Cockpit findet der Fahrer mehr als alle nur notwendigen Instrumente vor. Neben dem dominanten Drehzahlmesser und einem etwas kleineren Tacho wird dem Piloten auch die Spritmenge und Wassertemperatur analog angezeigt. Dazu gibt's eine digitale Ganganzeige und Zeituhr. In der Kontrollleuchtenleiste sitzen neben der Benzinstandwarnlampe (Restmenge 4 Liter), zwei

ABS-Kontrolleuchten, die Blinkrichtungsanzeiger, Öldruck–, Lade- und Fernlichtkontrolleuchte sowie eine Kontrolleinheit für die serienmäßige Warnblinkanlage (am linken Lenkerende).
Zu diesen Ausstattungsfeatures kommt ein komplettes Ergonomie-Paket: So sind nicht nur die Handhebel und Lenkerstummel einstellbar, sondern auch die Sitzhöhe (von 78 bis 80 Zentimeter) sowie die Fahrerfußrasten. Da die Serienausstattung auch ABS und geregelte Katalysatoren umfaßt, bleiben nur noch das BMW-obligatorische Gepäckbeförderungssystem, Zusatzsteckdose, Heizgriffe und Diebstahlwarnanlage auf der Extrapreisliste stehen.

Die K 1200 RS in der Praxis

Zweifelsohne gehört die K 1200 RS zu den BMW-Maschinen, die vom Fahrverhalten her am wenigsten an markentypische Eigenheiten erinnern. Allein die Tatsache, vor einer Kurve hastig zwei Gänge herunterschalten und Zwischengas geben zu können, ohne daß sich die ganze Fuhre um die Längsachse bewegt, begeistert. Der Motor hängt sehr sauber am Gas, und die feinen Stufungen des 6-Ganggetriebes passen perfekt zum Turbinencharakter der K 1200. Dabei sorgt die Durchzugskraft des Vierzylinders für Begeisterung: Der Big Four marschiert mit beeindruckendem Schub auch aus Drehzahlbereichen unter 3000 Touren. Dabei spürt der Fahrer zwar die druckvolle Kraftentfaltung des 1200ers, aber störende Schwingungen dringen nicht zu ihm durch, obwohl sie vorhanden sind, was die schwingende Hupe links in der Verkleidung belegt. So gediegen der Motor seine Kraft produziert und das butterweich zu schaltende Getriebe diese weitergibt, so unauffällig benimmt sich auch der Kardan. Dafür ist nicht nur die Paraleverkonstruktion verantwortlich,

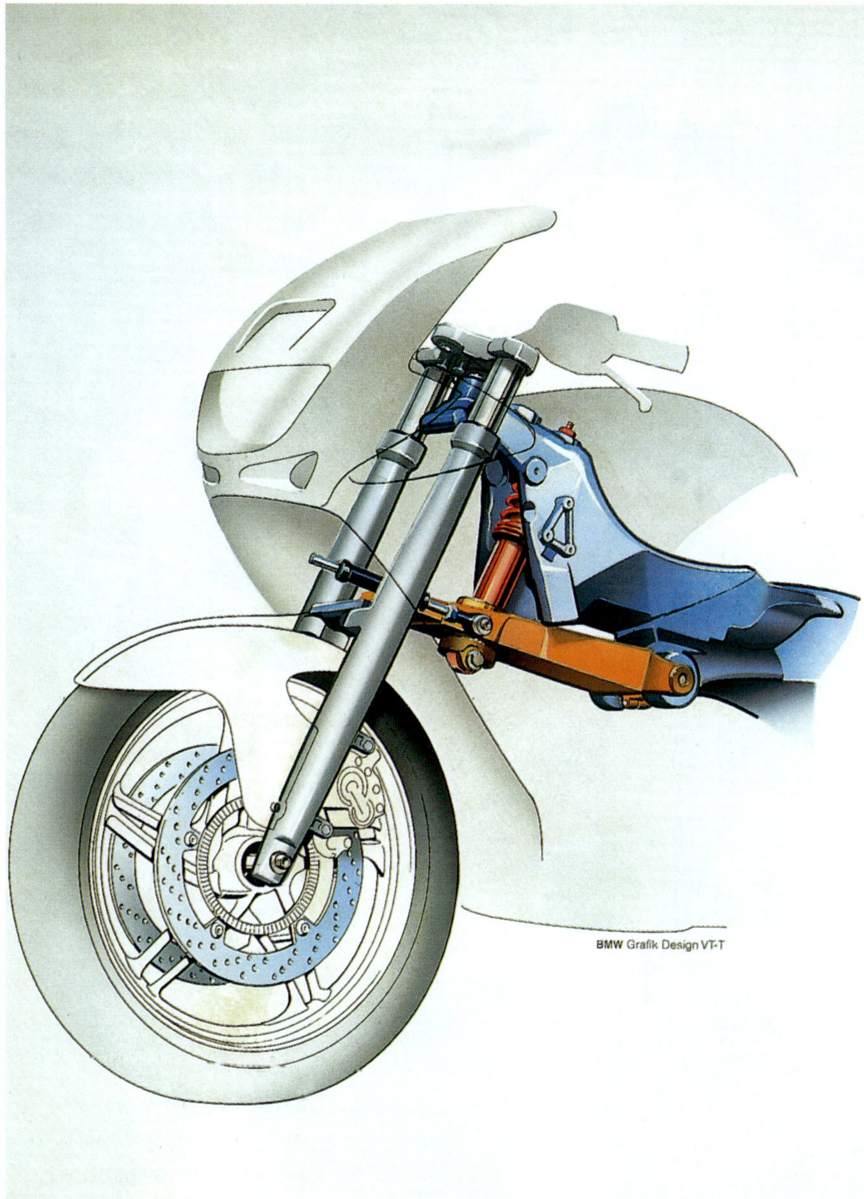

Der Längslenker des Telelevers lagert unter dem Rahmenrückgrat. Wegen der kinematischen Verhältnisse wartet die Vorderradführung mit einem 90prozentigen Nickausgleich auf.

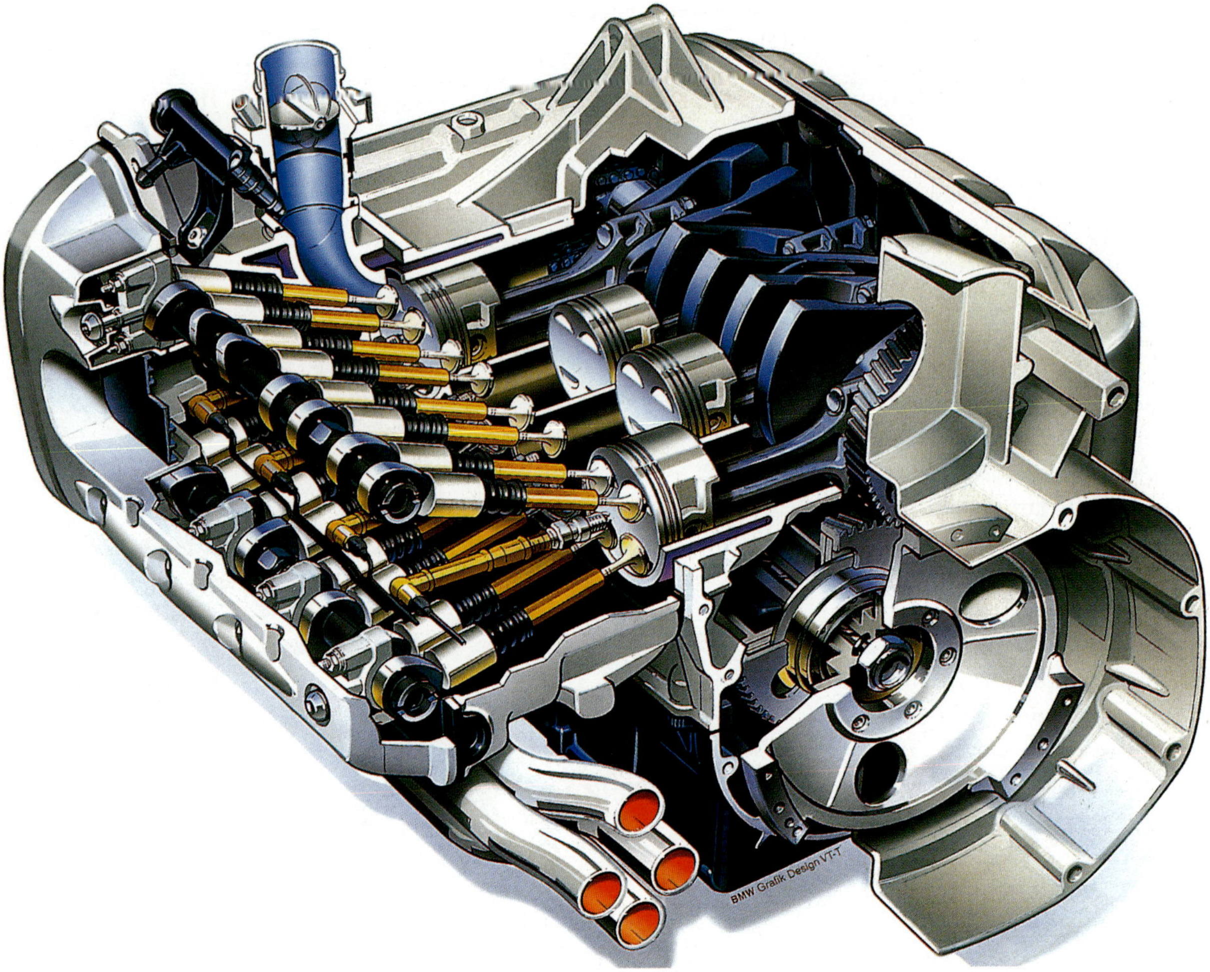

Da der Motorblock der alten K 1100 RS kein „Fleisch zum Aufbohren" hatte, mußte für den 1171 cm³ großen Reihenvierzylinder unter anderem eine neue Kurbelwelle für mehr Hub her.

die äußerst erfolgreich die Antriebsreaktionsmomente bekämpft. Es liegt einfach am Gesamtpaket, Federbeinanlenkung, Federbeinabstimmung und Paralever. Für eine sportliche Tourenmaschine arbeitet die Hinterradfederung ausgesprochen harmonisch, nicht zu weich und auch nicht hart.

Ebenso überraschend ist die Arbeitsweise des Telelevers, es federt zwar beim Beschleunigen immer noch spürbar aus, aber kein Vergleich zum R 1100 RS-Bauteil, wo die Bewegungen zuweilen stören. Überhaupt begeistert das 1200er Telelever mit bislang unbekannter Präzision. Die Lenkung ist steif und direkt, aber nicht schwerfällig, so daß High-Speed-Autobahnetappen regelrecht Freude bereiten. Vom 90prozentigen Nickausgleich spürt der Fahrer insofern nur, daß die Front beim Bremsen noch stabiler wirkt, allerdings der Übergang in den Regelbereich des ABS zuweilen etwas überraschend einsetzt. Ansonsten offenbart das Telelever die bekannt guten Tugenden höchst feinen

Erstmals in der BMW-Geschichte gibt es ein Sechsganggetriebe. Da die Schwinge im Rahmen lagert, konnte das Gehäuse sehr kompakt ausfallen.

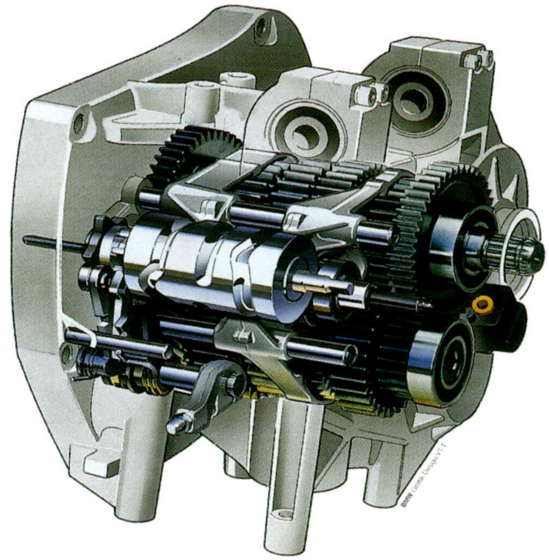

Ansprechverhaltens. Und der serienmäßige Lenkungsdämpfer arbeitet wunderbar unauffällig, so daß er bei langsamem Kolonnenverkehr die Maschine nicht taumeln läßt.

Solange der Fahrer nicht weiß, daß die K 1200 RS im Serientrimm fast sechs Zentner (285 Kilogramm) auf die Waage bringt, würde er es auch nicht glauben. Selbst typische Eifelstraßen mit Haarnadelkehren meistert der Brummer mit kaum vermuteter Souveränität und überzeugt auf der Autobahn mit einwandfreiem Geradeauslauf in allen Geschwindigkeitsbereichen.

Die Sitzposition stellt eine Mischung aus sportlicher Beinhaltung und gemäßigter, nur leicht nach vorn gebeugter Oberkörperhaltung dar. Allerdings dürfte die Sitzbank von der Einstellung her ruhig mit einer höheren Rastung ausgestattet sein, damit die Rastenanordnung auch für Leute über 180 Zentimeter Größe nicht zu müden Kniegelenken führt. Daß die einstellbare Verkleidungsscheibe noch nicht der Weißheit letzter Schluß ist – entweder die Schultern werden kräftig gebeutelt, oder es rüttelt lautstark am Helm (hohe Einstellung) –, sei ihr verziehen. Denn alles in allem stellt die K 1200 RS die BMW dar, deren ausgewogene Fahreigenschaften am wenigsten an eine typische BMW mit ihren kleinen, gewöhnungsbedürftigen Eigenheiten erinnert. Ein Superbike, das keinen Vergleich mit japanischen Bigbike-Standards der Sporttourer-Klasse zu scheuen braucht.

Aber wie das oft bei ganz großen neuen Würfen ist, traten auch bei den ersten K-1200-RS-Kundenmaschinen fertigungstechnische Probleme auf, die in der Garantieabteilung zu Überstunden führte: So waren undichte Telelever-Gabeln zu beklagen, und einzelne Kühler-Ventilatoren hingen am Gehäuse fest. Zudem traten Undichtigkeiten am Motor und Paßungenauigkeiten an den Verkleidungsteilen auf.

Comeback des Boxers

Nachdem die nicht nur wegen ihres lautstark pfeifenden Primärtriebs wenig geschätzte K 75-Baureihe bei den Boxerfans ohnehin nie ernst genommen und bei der Vierzylinder-K-Fraktion als Sparmodell angesehen wurde, entschloss sich BMW 1990 zu einem letzten Versuch: das optisch wenig gelungene Einstiegsmodell K 75 C mit seiner klobigen Cockpitverkleidung wurde ersatzlos gestrichen und statt dessen die von allen Plastikverkleidungen befreite K 75 präsentiert. Viel Chrom, Motor-/Getriebeteile und Räder in schwarz mit polierten Kanten sowie eine sehr ansprechende Gestaltung mit schwarzem Lack, roten Zierlinien und roter Sitzbank machten die K 75 zum Hingucker und zum Bestseller dieser Baureihe. Doch auch die Einführung der – fast nur von der Polizei georderten – K 75 RT mit der bekannten Verkleidung der K 100 RT konnte nicht über die unbefriedigenden Absatzzahlen hinwegtäuschen. 1995 lief die letzte K 75 S vom Band, ein Jahr später stellte BMW mit der limitierten K 75 Ultima mit Tourenscheibe auch die restlichen Modelle des ungeliebten „Pfeifers" ein.

Bei den Vierzylindern gingen die Bayerischen Motorenwerke 1998 einen völlig neuen Weg, als sie im September ein eindeutig für den US-Markt konzipiertes Modell auf den Markt brachten: Die K 1200 LT vollzog nun auch den Schritt von 1,1 auf 1,2 Liter Hubraum wie die K 1200 RS und nutzte das gleiche Fahrwerk. Eine nochmals ausladendere Verkleidung, Beifahrerrückenlehne, Tempomat, automatische Niveauregulierung, Soundsystem, Rückwärtsgang, Bordcomputer und ein neues Integralbremssystem mit Bremskraftverstärker und Bremskraftverteiler legten und legen den Schluss nahe, ob ein Motorrad das alles wirklich braucht. Zumal mit 378 Kilogramm Leergewicht die Vernunftgrenze weit überschritten wurde. Umso erstaunlicher sind das wendige und für dieses Gewicht verblüffend handliche Fahrverhalten und der 98-PS-Motor, der sich selbst mit solch hoher Last druckvoll und souverän in Szene setzt. Gegenüber der

Links:
Die größte und schwerste BMW, die je gebaut wurde. Die K 1200 LT stellt in puncto Verarbeitung, Ausstattung und Fahrverhalten die gesamte Konkurrenz in den Schatten.

Rechts:
Wie der Design-Entwurf zeigt, machen sich die BMW-Ingenieure auch Gedanken über einen Sportboxer. Mit rund 100 PS, um einige Kilogramm abgespecktem Fahrwerk sowie auf sportlichen Solobetrieb zugeschnittener Ausstattung könnte eine Spezialversion der RS auch passionierte Sportfahrer begeistern.

BMW
4VALVE

Konkurrenz wie Honda Goldwing ist die LT zwar beim Hubraum rein zahlenmäßig im Hintertreffen, aber in Fahrleistungen, Fahrverhalten und Verarbeitungsschliff deutlich überlegen. So wurde der Reisedampfer auch in Europa verdientermaßen zu einem Verkaufserfolg.
Allerdings sind die ausgereiften und enorm zuverlässigen Vierzylinder vom Konzept her ausgereizt. Mehr Bohrung lassen die engen Zylinderabstände nicht mehr zu, mehr Hub würde die schon beim 1200er sehr hohen Kolbengeschwindigkeiten noch höher treiben und zu Lasten der Standfestigkeit gehen. Insiderinformationen zu Folge denkt BMW bei der K-Nachfolge-Baureihe über einen quer eingebauten Vierzylinder und Zahnriemenantrieb nach.

BOXER

1999 folgte mit der R 1100 S dann endlich das, wonach traditionsbewusste Sportfahrer sich lange sehnten – ein echtes Sportmodell. Wenn auch mit den bei BMW offenbar unvermeid-

Zurück auf die Rennstrecke: R 1100 S im Renntrimm beim Boxer-Cup.

Die erste echte Sport-BMW seit der R 90 S: Die R 1100 S.

lichen Kofferhaltern, die zu diesem Modell passen wie eine Anhängerkupplung an einen Porsche. Der mit 98 PS stärkste je serienmäßig gebaute Bayern-Boxer setzte die dezente BMW-Tradition der Sportler „nach Gutsherrenart" à la R 69 S und R 90 S fort. Ein Supersportmotorrad wie die Ducati 996 oder die Aprilia Mille konnte die S nie sein, dazu ist sie zum einen zu schwer, zum anderen ist der nicht wirklich moderne Motor in dieser seiner leistungsstärksten Version an der Grenze dessen angekommen, was mit der vorgegebenen Konfiguration alltagstauglich realisierbar ist. Selbst aus Rennboxern sind kaum mehr als 130 PS zu quetschen. In der Ducati stehen bei 100 cm^3 weniger bereits 136 PS parat, in der Aprilia Mille sogar 146, wohlgemerkt in der Straßenausführung. Ein in der Zweizylinderriege auch leistungsmäßig wettbewerbsfähiger Boxer müsste konsequenter konstruiert sein. Und die essenziellen Details ausgemerzt haben, an denen schon der ohv-Boxer krankte: Die zu durchbiegefreudige Kurbelwelle müsste, auch unter Inkaufnahme des größeren Zylinderversatzes, ein Mittellager haben, die zahnriemen- oder stirnradgetriebene Nockenwelle müsste wirklich oben liegen – und nicht halbherzig halbhoch wie beim aktuellen Boxer – und dort per Shim einstellbare Tassenstößel direkt steuern. Und nicht zuletzt müsste sich BMW von der unerklärlichen Tradition verabschieden, unbedingt ferne Geräuschvorschriften, die noch nicht einmal auf dem Entwurfspapier konkretisiert sind, erfüllen zu wollen. Mit hochwertigen Materialien und seinem ohnehin günstigen, stark überquadratischen Bohrung-Hub-Verhältnis wären so hohe Drehzahlen bei vertretbaren Kolbengeschwindigkeiten und als Resultat ein leistungsstarker Boxer realisierbar, der mit seinem tiefen Schwerpunkt bei gleichzeitig niedrigem Fahrzeuggewicht punkten könnte. Vorausgesetzt, man würde unsinnige Tourer-Kompromisse vermeiden und hochwertigste Komponenten verbauen. Ein hoher Verkaufspreis sollte erfahrungsgemäß kein Hemmnis darstellen.

Bei den bislang gebauten Boxern – mit Ausnahme des Cruisers R 1200 C – ging BMW zum Modelljahr 2000 den bürgerlicheren Weg zu mehr Leistung. Zunächst nur in der GS sorgten zwei Millimeter mehr Bohrung für 1130 statt 1085 cm^3 und einen milden Leistungsanstieg von 80 auf 85 PS. Weniger in der reinen Papierform als in der Praxis beeindruckte die Kraft des vergrößerten Zweizylinders, der die ohnehin nicht schwächliche GS zum ultimativen Bigbike-Schreck der Landstraße werden ließ. Ein Jahr später bekam auch das Roadstermodell R 1100 R neben einem gefälligeren Design den neuen 1150er 85-PS-Motor samt Sechsganggetriebe der R 1100 S, das auch die GS bekommen hatte. Zum aktuellen Modelljahr waren die überarbeiteten Tourer R 1100 bzw. jetzt 1150 RS und RT an der Reihe. 95 PS lautet hier die Leistungsausbeute. Lediglich die „S" bescheidet sich noch mit 1100 cm^3, während die mittlerweile in drei Ausstattungsvarianten lieferbare „C" mit zwei Millimetern mehr Hub und 1200 cm^3, aber geringerer Leistung eindeutig drehmoment- und durchzugsorientiert ist. Reduziert wurde dagegen die Palette der 850 cm^3 70-PS-Boxer, die nach einem kurzen Gastspiel als R 850 GS und R 850 C nur noch aus dem Roadster R 850 R besteht. Für die Zukunft wird ein echter Sportboxer nicht mehr ausgeschlossen, erste Fotos einer sportlich optimierten R 1150 R waren als Appetitanreger bereits zu sehen.

F 650

Der Einzylinder im BMW-Programm verkauft sich wie die sprichwörtlichen warmen Brötchen, obwohl er außer der Qualität der Verarbeitung mit allen „heiligen" BMW-Traditionen bricht: Die F 650 war die erste BMW mit Kettenantrieb, hatte keinen eigenen Motor und wurde nicht einmal bei BMW gebaut, sondern im oberitalienischen Noale bei Aprilia. Dieses revoluzzertum wurde inzwischen etwas entschärft; der bisher nach BMW-Vorgaben gefertigte, österreichische Rotax-Vierventiler wird nun ebenso in Berlin-Spandau gebaut wie das ganze Motorrad. Der schon im vergangenen Jahr mit elektronischer Einspritzung und G-Kat getoppte Eintopf gehört in dieser Ausfertigung zum Modernsten, was in der Klasse zu haben ist. Auch das lästige Kettenpeitschen und das Konstantfahrruckeln früher Einspritz-650er konnten die Techniker der „F" abgewöhnen. Nach eindrucksvollen Siegen bei der Rallye Paris-Dakar wurde aus der F 650 2001 die F 650 GS und ihr die höher gelegte Wettbewerbs-Replica F 650 GS Dakar mit längeren Federwegen, hochwertigeren Dämpferelementen, geländetauglicher Bereifung, verbesserten Komponenten, großem Tank und Sonderlackierung zur Seite gestellt. Mit den aufgebohrten, mehr als 75 PS starken „echten" F 650 GS, die im BMW-Auftrag von HPN und Richard Schalber mit Spezialfahrwerk aufgebaut wurden, hat die käufliche Version allerdings fast nichts zu tun. Die F 650 taugt aber auch zu anderen Spielchen: Seit der Produktionseinstellung der Yamaha SR 500 und der nur mäßig erfolgreichen SRX 600

Neues Design für den ausgereiften Eintopf: BMW F 650 CS Scarver.

ist der Markt der leichten, wendigen Straßen-Einzylinder nur noch spärlich bestückt. Dass ein entsprechender Markt aber vorhanden ist, beweisen die Erfolge der oft von privater Hand vorbereiteten, aber zunehmend auch von den Werken selbst angebotenen Super-Motos. BMW platzierte zum Modelljahrgang 2002 in genau diese Marketinglücke die neu und aggressiv gestylte F 650 CS Scarver. Mit hohlgegossenen Dreispeichen-Leichtmetallfelgen, straffem Fahrwerk und wartungsfreiem Zahnriemenantrieb weiß der Nachfolger der gegenüber der normalen GS nur dezent modifizierten F 650 ST nicht nur professionelle Tester zu begeistern. Auch wenn das gewöhnungsbedürftige Design – wie schon das der R1100/R1150R – zwischen begeisterten Fans und abgrundtiefen Ablehnern polarisiert, gibt es an Leistungsentfaltung, Fahrverhalten und Praxistauglichkeit der kleinen BMW kaum etwas auszusetzen

C 1

Auch mit dem 2000 erschienenen C1-Roller – für den BMW übrigens nicht auf der BMW-Motorrad-Internetseite, sondern auf einer eigenen C1-seite (www.bmw-c1.de) wirbt – polarisieren die Münchner die Gemüter. Mit seinem katalysatorgeregelten 125 cm³ Einzylinder-Vierventil-Einspritzmotor aus dem Hause Rotax, festem Dach, Überrollbügel, Dreipunkt-Automatiksicherheitsgurt und Helmpflichtbefreiung setzt er zwar im Segment der Stadt- und Kurzstreckenfahrzeuge vor allem beim Wetterschutz neue Maßstäbe, ist aber nur für eine Person zugelassen, recht durstig und außerdem unangenehm laut. Zudem erinnert sein Design an hochkant gestellte Fischertechnik-Bausteine aus Kinderzeiten oder, wie böse Zungen behaupten, an das Fred Feuerstein Mobil. Für all die, die sich nicht auf einen älteren Führerschein Klasse drei berufen müssen, weil sie einen „richtigen" Motorrad-Führerschein besitzen, hat BMW der immerhin 185 kg schweren, aber mit 15 PS gut 105 km/h schnellen Achtelliterversion eine drei PS stärkere 200 cm³-Variante zur Seite gestellt. Neben dem Basis C1 gibt es noch eine mehrfarbig lackierte Executive-Ausführung, die Version Family´s Friend mit Kindersitz hinter dem schützenden Dach und eine limitierte Auflage in den Williams-BMW-Werksfarben. Obwohl der crashgestestete und nach neuesten Unfallforschungs-Ergebnissen konstruierte C1, glaubt man den eindeutigen Bekundungen aus Motorradfahrerkreisen, angeblich niemandem so richtig gefällt, erfreut er seine Erbauer mit stabilen und vor allem rentablen Verkaufszahlen.

Links:
Der Chef fährt selbst: Gerhard Berger, Williams-BMW Teamchef, auf (oder in?) dem in den Werksfarben lackierten C 1.

Technische Daten BMW-Motorräder Stand 2002

	F 650 CS	F 650 GS, F 650 GS Dakar	R 1100 S
Motor			
Motorbauart/Einbau	Viertakt-Einzylinder, stehend, quer	Viertakt-Einzylinder, stehend, quer	Viertakt-Zweizylinder, Boxer, längs
Kurbelwelle	2fach gleitgelagert, eine stirnradgetriebene Ausgleichswelle	2fach gleitgelagert, eine stirnradgetriebene Ausgleichswelle	2fach gleitgelagert
Ventile	4, 36/31 mm Ø	4, 36/31 mm Ø	4, 34/29 mm Ø
Ventilsteuerung	DOHC, Hülsenkette, Tassenstößel	DOHC, Hülsenkette, Tassenstößel	HC, Hülsenkette, Stößel, Kipphebel
Kühlung	Wasser, elektr. Lüfter	Wasser, elektr. Lüfter	Luft / Öl, Ölkühler
Schmierung	Trockensumpf	Trockensumpf	Nasssumpf
Gemischaufbereitung	elektronische Kraftstoffeinspritzung BMS	elektronische Kraftstoffeinspritzung BMS	elektronische Kraftstoffeinspritzung Motronic MA 2.4
Zündung	Kontaktlose Digitalzündung	Kontaktlose Digitalzündung	Kontaktlose Digitalzündung
Lichtmaschine/Batterie	12 V / 400 W / 12 Ah	12 V / 400 W / 12 Ah	12 V / 600 W / 15 Ah
Bohrung/Hub	100 mm / 83 mm	100 mm / 83 mm	99 mm / 70,5 mm
Hubraum/Verdichtung	652 cm^3	652 cm^3, 11,5:1	1085 cm^3, 11,3:1
Maximale Motorleistung	37 kW (50 PS)/6800 U/min./25 kW (34 PS)/6500 U/min.	37 kW / 50 PS/6500 U/min. (25 kW / 34 PS/6000 U/min.)	72 kW (98 PS) 7500 U/min.
Maximales Drehmoment	62 Nm / 5500 U/min. (50 Nm / 3500 U/min.)	60 Nm / 5000 U/min. (51 Nm / 3750 U/min.)	97 Nm / 5750 U/min.
Kraftstoffart	N	S	S
Starter	0,9 kW	0,9 kW	1,1 kW
Abgasreinigung	g-Kat	g-Kat	g-Kat
Kraftübertragung			
Primärantrieb	Zahnräder	Zahnräder	direkt, Zahnräder
Kupplung	Mehrscheibenkupplung, Ölbad	Mehrscheibenkupplung, Ölbad	Einscheiben-Trockenkupplung
Getriebe	Fünfgang, Klaue	Fünfgang, Klaue	Sechsgang, Klaue
Sekundärantrieb	Zahnriemen, 2,93:1	Zahnriemen, 2,94:1	Kardan, 2,75:1
Übersetzungen	2,75 / 1,75 / 1,31 / 1,05 / 0,84	2,75 / 1,75 / 1,31 / 1,05 / 0,88	2,05 / 1,6 / 1,27 / 1,04 / 0,9 / 0,8
Fahrwerk			
Gesamtlänge	2142 mm	2175 mm, Dakar 2189 mm	2180 mm
Radstand	1493 mm	1479 mm, Dakar 1489 mm	1478 mm
Lenkkopfwinkel	62,1°	60,8°	65°
Nachlauf	86 mm	113 mm, Dakar 123 mm	100 mm
Sitzhöhe	78 cm	78 cm, Dakar 87 cm	80 cm
Rahmenbauart	Stahl-Brückenrohrrahmen mit integriertem Öltank	Stahl-Brückenrohrrahmen	Alugussrahmen, Gitterrohrrahmen, Triebwerk mittragend
Federweg vorn/hinten	125 / 120 mm	170 / 165 mm, Dakar 210 / 210 mm	110 / 130 mm
Rad vorn/hinten	LM-Hohlguss	Drahtspeichenrad	LM
Reifen vorn	110/70 ZR 17	100/90-19 57 S, Dakar 90/90-21 54 S	120/70 ZR 17
Reifen hinten	160/60 ZR 17	130/80-17 65 S	170/60 ZR 17
Bremse vorn	Scheibe 300 mm	Scheibe 300 mm	Doppelscheibe 320 mm
Bremse hinten	Scheibe 240 mm	Scheibe 240 mm	Scheibe 276 mm
Tankinhalt	15/4	17,3/4,5	18 l
Fahrleistungen / Gewichte (Werksangaben)			
Höchstgeschwindigkeit	175 km/h (147 km/h)	175 km/h (147 km/h)	226 km/h
Beschl. 0-100 km/h	5,1 sec. (7,4 sec.)	5,1 sec. (7,4 sec.)	4,0 sec.
Beschl. 0-1000 m	27,3 sec. (32 sec.)	27,3 sec. (32 sec.)	22,8 sec.
Verbrauch bei 90 / 120 km/h	3,0 l / 4,5 l	3,0 l / 4,5 l	4,3 l / 5,2 l
Leergewicht/z. GG/ Zuladung	189 / 370 / 181 kg	193 (Dakar 192) / 380 / 187 (188) kg	229 / 450 / 221 kg

R 850 R / R 1150 R	R 1150 GS, R 1150 GS Adventure	R 1150 RS, R 1150 RT
Viertakt-Zweizylinder, Boxer, längs	Viertakt-Zweizylinder, Boxer, längs	Viertakt-Zweizylinder, Boxer, längs
2fach gleitgelagert	2fach gleitgelagert	2fach gleitgelagert
4, 32/27, R 1150 R 34/29 mm Ø	4, 34/29 mm Ø	4, 34/29 mm Ø
HC, Hülsenkette, Stößel, Kipphebel	HC, Hülsenkette, Stößel, Kipphebel	HC, Hülsenkette, Stößel, Kipphebel
Luft / Öl, Ölkühler	Luft / Öl, Ölkühler	Luft / Öl, Ölkühler
Nasssumpf	Nasssumpf	Nasssumpf
elektronische Kraftstoffeinspritzung Motronic MA 2.2, R 1150 R MA 2.4	elektronische Kraftstoffeinspritzung Motronic MA 2.4	elektronische Kraftstoffeinspritzung Motronic MA 2.4
Kontaktlose Digitalzündung	Kontaktlose Digitalzündung	Kontaktlose Digitalzündung
12 V / 700 W/ 19 Ah	12 V / 600 W (Adventure 700 W) / 14 Ah (Adventure 19 Ah)	12 V / 700 W / 19 Ah
87,5 mm / 70,5 mm, R 1150 R 101 mm / 70,5 mm	101 mm / 70,5 mm	101 mm / 70,5 mm
848 cm^3, 10,3:1, R 1150 R 1130 cm^3	1130 cm^3, 10,3:1	1130 cm^3, 11,3:1
52 kW (70 PS) 7000 U/min. / 25 kW (34 PS) 5000 U/min.) R 1150 R 62,5 kW (85 PS) 6750 U/min.	62,5 kW (85 PS) 6750 U/min.	70 kW (95 PS) 7250 U/min.
77 Nm / 5500 U/min. (60 Nm / 2500 U/min.), R 1150 R 98 Nm/5250 U/min.	98 Nm / 5250 U/min.	100 Nm / 5500 U/min.
S	S	S
1,1 kW	1,1 kW	1,1 kW
g-Kat	g-Kat	g-Kat
direkt, Zahnräder	direkt, Zahnräder	direkt, Zahnräder
Einscheiben-Trockenkupplung	Einscheiben-Trockenkupplung	Einscheiben-Trockenkupplung
Fünfgang, Klaue, R 1150 R Sechsgang	Sechsgang, Klaue	Sechsgang, Klaue
Kardan, 3,36:1, R 1150 R 2,82:1	Kardan, 2,82:1	Kardan, 2,82:1, RT 2,91:1
4,16 / 2,91 / 2,13 / 1,74 / 1,45, R 1150 R 2,045 / 1,6 / 1,267 / 1,038 / 0,9 / 0,8	2,05 / 1,6 / 1,27 / 1,04 / 0,9 / 0,7 (Adventure 0,8)	2,045 / 1,6 / 1,267 / 1,038 / 0,9 / 0,697
2197 mm, R 1150 R 2170 mm	2196 mm, Adventure 2180 mm	2170 mm, RT 2230 mm
1487 mm	1509 mm, Adventure 1501 mm	1469 mm, RT 1485 mm
63°	64°	64,5°, RT 62,9°
127 mm	115 mm, Adventure 121 mm	111 mm, RT 122 mm
76 / 78 / 80 cm	84 / 86 cm, Adventure 90 cm	79 / 81 / 83 cm, RT 80,5 / 82,5 / 84,5 cm
Gitterrohrrahmen, Triebwerk mittragend	Gitterrohrrahmen, Triebwerk mittragend	Gitterrohrrahmen, Triebwerk mittragend
120 / 135 mm	190 / 200 mm, Adventure 210 / 220 mm	120 / 135 mm
LM	Kreuzspeichenrad	LM
120/70 ZR 17	110/80 H 19 TL, Adventure 110/80 B 19 TL	120/70 ZR 17
160/60 ZR 18, R 1150 R 170/60 ZR 17	150/70 H 17 TL	170/60 ZR 17
Doppelscheibe 305 mm, R 1150 R 320 mm	Doppelscheibe 305 mm, R 1150 R 320 mm	Doppelscheibe 320 mm
Scheibe 276 mm	Scheibe 276 mm	Scheibe 276 mm
18,9 l, R 1150 R 20,4 l	18,9 l, R 1150 R 20,4 l	23 l, RT 25,2 l
187 km/h (151 km/h), R 1150 R 197 km/h	187 km/h (154 km/h), R 1150 R 197 km/h	215 km/h, RT 200 km/h
5,0 sec (6,9 sec.), R 1150 R 4,2 sec.	5,0 sec. (8,0 sec.), R 1150 R 4,2 sec.	4,3 sec., RT 4,8 sec.
26 sec. (29,1 sec.), R 1150 R 24,8 sec.	26,0 sec. (34 sec.), R 1150 R 24,8 sec.	23,3 sec., RT 24,4 sec.
4,6 l / 5,7 l	4,6 l / 5,7 l	4,3 l / 5,2 l, RT 4,7 l / 5,6 l
235 (R 1150 R 238) / 450 / 215 (212) kg	235 (R 1150 R 238) / 450 / 215 (212) kg	246 / 450 / 204 kg, RT 279 / 495 / 216 kg

	R 1200 C	K 1200 RS, K 1200 LT	C1
Motor			
Motorbauart/Einbau	Viertakt-Zweizylinder, Boxer, längs	Viertakt, Vierzylinder, Reihe, längs	Viertakt, Einzylinder, stehend, quer
Kurbelwelle	2fach gleitgelagert	5fach gleitgelagert	2fach gleitgelagert
Ventile	4, 34/29 mm Ø	4, 26,5/23 mm Ø	4, 21,2/19 mm Ø
Ventilsteuerung	HC, Hülsenkette, Stößel, Kipphebel	DOHC, Hülsenkette, Tassenstößel	DOHC, Zahnriemen, Tassenstößel
Kühlung	Luft / Öl, Ölkühler	Wasser, E-Lüfter, Ölkühler	Wasser
Schmierung	Nasssumpf	Nasssumpf	Trockensumpf
Gemischaufbereitung	elektronische Kraftstoffeinspritzung Motronic MA 2.4	elektronische Kraftstoffeinspritzung Motronic MA 2.4	elektronische Kraftstoffeinspritzung BMS
Zündung	Kontaktlose Digitalzündung	Kontaktlose Digitalzündung	Kontaktlose Digitalzündung BMS
Lichtmaschine/Batterie	12 V / 700 W / 19 Ah	12 V / 840 W / 19 Ah	12 V / 400 W / 14 Ah
Bohrung/Hub	101 mm / 73 mm	70,5 mm / 75 mm	56,4 mm / 50 mm, C1 200 62 mm / 58,4 mm
Hubraum/Verdichtung	1170 cm^3, 10:1	1171 cm^3, 11,5:1, (98 PS und LT 10,8:1)	125 cm^3, 13:1, (C1 200 176 cm^3, 11,5:1)
Maximale Motorleistung	45 kW (61 PS) 5000 U/min.	96 kW (130 PS) 8750 U/min. / 72 kW (98 PS) 7000 U/min., LT 72 kW (98 PS) 6750 U/min.	11 kW (15 PS) 9250 U/min. / C1 200 13 kW (18 PS) 9000 U/min.
Maximales Drehmoment	98 Nm / 3000 U/min.	117 Nm / 6750 U/min. (118 Nm / 5500 U/min.), LT 115 Nm / 4750 U/min.	12 Nm / 6500 U/min. (C1 200 17 Nm / 6500 U/min.)
Kraftstoffart	S	S	S
Starter	1,1 kW	0,7 kW	0,6 kW
Abgasreinigung	g-Kat	g-Kat	g-Kat
Kraftübertragung			
Primärantrieb	direkt, Zahnräder	Zwischenwelle, direkt, Zahnräder	Stirnrad-Vorgelege, zweistufig
Kupplung	Einscheiben-Trockenkupplung	Einscheiben-Trockenkupplung	–
Getriebe	Fünfgang, Klaue	Sechsgang, Klaue, LT Fünfgang, Klaue	Automatik
Sekundärantrieb	Kardan, 2,54:1	Kardan, 2,75:1, RT 2,62:1	Riemengetriebe
Übersetzungen	2,05 / 1,6 / 1,27 / 1,04 / 0,8	3,86 / 3,02 / 2,39 / 1,96 / 1,70 / 1,51, LT 2,05 / 1,60 / 1,27 / 0,96 / 0,80	–
Fahrwerk			
Gesamtlänge	2340 mm	2250 mm, LT 2508 mm	2075 mm
Radstand	1650 mm	1555 mm, LT 1633 mm	1488 mm
Lenkkopfwinkel	60,5°	62,7°, LT 63,18°	–
Nachlauf	86 mm	124 mm, LT 109 mm	113 mm
Sitzhöhe	74 cm	77 / 80 cm	70,1 cm
Rahmenbauart	Gitterrohrrahmen, Triebwerk mittragend	Alugussrahmen	Alu-Space-Frame
Federweg vorn/hinten	144 / 100 mm	115 / 150 mm	75 / 85 mm
Rad vorn/hinten	Kreuzspeichenrad	LM	LM
Reifen vorn	100/90 ZR 18	120/70 ZR 17	120/70-13
Reifen hinten	170/80 ZR 15	170/60 ZR 17, LT 160/60 ZR 17	140/70-12
Bremse vorn	Doppelscheibe 305 mm	Doppelscheibe 320 mm	Scheibe 220 mm
Bremse hinten	Scheibe 285 mm	Scheibe 285 mm	Scheibe 220 mm
Tankinhalt	17,5 l	20,5 l, LT 23,4 l	9,7 l
Fahrleistungen / Gewichte (Werksangaben)			
Höchstgeschwindigkeit	168 km/h	245 km/h (225 km/h), LT 197 km/h	103 km/h (C1 200 112 km/h)
Beschl. 0-100 km/h	5,8 sec.	3,7 sec. (4,1 sec.), LT 5,6 sec.	5,9 sec. (C1 200 3,9 sec) (0-50 km/h)
Beschl. 0-1000 m	27,9 sec.	20,9 sec., LT 26,6 sec.	–
Verbrauch bei 90 / 120 km/h	4,8 l / 5,9 l	4,9 l / 5,8 l, LT 4,3 l / 5,7 l	2,9 l / – (C1 200 3,2 l / –)
Leergewicht/z. GG/ Zuladung	256 / 450 / 194 kg	285 / 500 / 215 kg, LT 378 / 600 / 222 kg	185 / 360 / 175 kg